普通高等院校计算机基础教育"十三五"规划教材
以培养创新能力为核心的信息技术基础系列教材

U0310545

计算机应用基础
实验指导

JISUANJI YINGYONG JICHU SHIYAN ZHIDAO

黄　容　主　编
赵　毅　副主编
束建红　等　参　编

中国铁道出版社
CHINA RAILWAY PUBLISHING HOUSE

内 容 简 介

本书是《计算机应用基础》(陈强主编,中国铁道出版社出版)的配套教材,旨在培养学生的计算机基本知识和基本技能的实际操作能力,强化学生对操作系统及多种常用应用软件的熟练使用。全书针对 32 学时的计算机应用基础公共基础课,精心设计了 12 个实验,包含了 Windows 操作系统及 Word、Excel、PowerPoint、Visio、Photoshop、Flash、Dreamweaver等软件的应用。每个实验分为 4 部分:实验目的、实验环境、实验范例、实验内容。让学生明白本次实验的实验目的和要求;在相应的实验环境中根据范例的详细操作步骤一步步完成范例;自己动手完成实验内容,并总结完成实验报告。

通过本书的学习可以提高学生的计算机应用能力,调动学生学习计算机技术的积极性,培养创新精神和创新实践能力,将计算机数字化思维、创新思维和创新能力与各专业相结合,提高运用信息技术解决实际问题的综合水平。

本书适合作为高等院校计算机基础课程的配套教材,也可作为计算机初学者的自学教材。

图书在版编目(CIP)数据

计算机应用基础实验指导/黄容主编. —北京:中国
铁道出版社, 2018.8
普通高等院校计算机基础教育"十三五"规划教材
ISBN 978-7-113-24727-0

Ⅰ.①计… Ⅱ.①黄… Ⅲ.①电子计算机-高等学校-
教学参考资料 Ⅳ.①TP3

中国版本图书馆 CIP 数据核字(2018)第 149581 号

书　　名:**计算机应用基础实验指导**
作　　者:黄　容　主编

策　　划:曹莉群　刘丽丽　　　　　　**读者热线**:(010)63550836
责任编辑:刘丽丽
封面设计:刘　颖
责任校对:张玉华
责任印制:郭向伟

出版发行:中国铁道出版社(100054,北京市西城区右安门西街 8 号)
网　　址:http://www.tdpress.com/51eds/
印　　刷:三河市燕山印刷有限公司
版　　次:2018 年 8 月第 1 版　　2018 年 8 月第 1 次印刷
开　　本:787 mm×1 092 mm　1/16　**印张**:9.75　**字数**:225 千
书　　号:ISBN 978-7-113-24727-0
定　　价:29.00 元

》》 序

　　信息技术正在通过促进产品更新换代而带动产业升级，在我国经济转型发展中正发挥着基础性、关键性支撑作用。信息技术基础教材的编写需要体现新工科建设中对课程教学提出的新要求，体现现代工程教育的特点，适应新的培养要求。各专业的信息技术基础公共课程应将数字化思维、创新思维和创新能力培养作为课程教学的基本目标。

　　上海工程技术大学面向应用型工程人才的培养，组织编写一套以培养创新能力为核心的信息技术基础系列教材，以期为非计算机专业的大学生打下坚实的信息技术基础，提高其信息技术基础与专业知识结合的能力。本系列教材包括《计算机应用基础》《C语言程序设计》《Python 程序设计》《Java 程序设计》《VB 程序设计》等。

　　教材具有以下特点：

　　（1）以地方工科院校本科机械、电子工程专业的计算机基础教育为主，兼顾汽车、轨道交通、材料科学与工程、化工、服装等专业的计算机基础教育的需求。

　　（2）基于案例驱动的教学模式。教材以案例为分析对象，通过对案例的分析和讨论以及对案例中处理事件基本方案的研究、评价，在案例发生的原有情境下提出改进思路和相应方案。以课程知识点为载体，进行工程思维训练。

　　（3）以问题为引导。教材选择来源于具体的工程实践的问题设置情境，以问题为对象，通过对问题的了解、探讨、研究和辩论，学会应用和获取知识，辨别和收集有效数据，系统地分析和解释问题，积极主动地去探究，引导和启发学生主动发现、寻求问题的各种解决方案，培养计算思维、工程思维能力。

　　（4）配有实验教材。按"基础实验→综合实验→开放实验→实践创新"四层循序递进，逐步提升学生的实践能力。

　　本套教材可作为地方工科院校本科生信息技术基础教材，也可供有关专业人员学习参考。

蒋宗礼

2017年11月

前　言

　　"计算机应用基础"课程一直是各高等学校新生入学后的第一门计算机基础课程。随着中学"信息技术"课程的深入和普及，高等学校新生的计算机知识的起点有了显著提高，而社会信息化的发展对大学生的信息资源运用能力也提出了更高的要求，使得现行的"计算机应用基础"课程在教学内容的选取、知识结构的设置以及教学的组织、方法和实验方式上都要做较大的改革，以满足社会发展对人才培养的要求。以培养创新能力为核心的信息技术基础系列教材正是这种改革的结果。

　　本系列教材的编写需要体现新工科建设中对课程教学提出的新要求，体现现代工程教育的特点，适应新的培养要求。各专业的信息技术基础公共课程应将数字化思维、创新思维和创新能力培养作为课程教学的基本目标。

　　本套教材编写的指导思想是：教材应充分反映本学科领域的最新科技成果；要根据学生的特点，以人才培养的应用性、实践性为重点，调整学生的知识结构和能力素质；系统深入地介绍计算机科学与技术的基本概念，深入浅出地阐述计算机科学与技术领域的基本原理和基本方法，不仅要让学生学会计算机的基本操作，而且要掌握计算机的基本原理、知识、方法和解决实际问题的能力，并具有较强的信息系统安全与社会责任意识，为后续课程的学习打下必要的基础。

　　本书是《计算机应用基础》（陈强主编，中国铁道出版社出版）的配套教材，旨在培养学生的计算机基本知识和基本技能的实际操作能力，是强化学生对操作系统及多种常用应用软件的熟练使用。全书针对 32 学时的计算机应用基础公共基础课，精心设计了12 个实验，包含了 Windows 操作系统及 Word、Excel、PowerPoint、Visio、Photoshop、Flash、Dreamweaver 等软件的应用。每个实验分为 4 部分：实验目的、实验环境、实验范例、实验内容。让学生明白本次实验的实验目的和要求；在相应的实验环境中根据范例的详细操作步骤一步步完成范例；自己动手完成实验内容，并总结完成实验报告。

　　通过本书的学习可以提高学生的计算机应用能力，调动学生学习计算机技术的积极性，培养创新精神和创新实践能力，将计算机数字化思维、创新思维和创新能力与各专业相结合，提高运用信息技术解决实际问题的综合水平。

　　本书由黄容任主编，赵毅任副主编，参加本书研讨和编写的还有：束建红、陈强、胡浩民、周晶、胡建鹏、张晓梅、王泽杰、潘勇、刘惠彬等，还有很多老师、各级领导和学生，以及中国铁道出版社的编辑对本书提出过许多宝贵意见和建议，在此一并表示感谢！

　　由于时间仓促，加之编者水平有限，书中难免存在疏漏和不足之处，恳请专家和广大读者批评指正。

编　者
2018年6月

目 录

实验 1 Windows的基本操作

一、实验目的

（1）掌握 Windows 7 的基本操作。

（2）掌握桌面主题及"开始"菜单的组织。

（3）掌握文件和文件夹的管理。

（4）掌握压缩存储和解压缩。

二、实验环境

中文 Windows 7 操作系统。

三、实验范例

1. 桌面个性化设置

设置桌面背景为场景中的任意一张照片，位置为填充；设置屏幕保护程序为公用图片中所有示例图片的随机播放，播放时间为"中速"，屏幕保护等待时间为5分钟，并在恢复时显示登录屏幕；屏幕分辨率更改为 1280×800，方向设为横向。

【操作步骤】

（1）在桌面空白处右击，弹出快捷菜单，选择"个性化"命令。在"个性化"窗口中单击下方的"桌面背景"选项。在窗口图片列表中选择第二张风景照片，图片位置选择"填充"。

（2）在"个性化"窗口中单击窗口右下角的"屏幕保护程序"选项，弹出图 1-1 所示的"屏幕保护程序设置"对话框，将"屏幕保护程序"设置为"照片"，单击"设置"按钮，弹出图 1-2 所示的"照片屏幕保护程序设置"对话框，单击"浏览"按钮，在弹出的"浏览文件夹"对话框中选择"图片/公用图片/示例图片"，单击"确定"按钮返回，将幻灯片放映速度设置为"中速"，并选中"无序播放图片"复选框。单击"保存"按钮返回图 1-1 所示界面，将"等待"时间设置为5分钟，并选中"在恢复时显示登录屏幕"选项。

（3）在桌面空白处右击，在弹出的快捷菜单中选择"屏幕分辨率"命令，打开如图 1-3 所示窗口，将屏幕"分辨率"更改为 1280×800，"方向"设为横向，单击"确定"按钮。

图 1-1 "屏幕保护程序设置"对话框

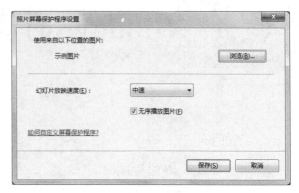

图 1-2 "照片屏幕保护程序设置"对话框

图 1-3 设置屏幕分辨率

2. 设置任务栏以及"开始"菜单

将任务栏外观设置为"自动隐藏任务栏",并将任务栏按钮设置为"从不合并";将任务栏分别移动到屏幕的左、上和右边缘,最后移回屏幕下方;将任务栏高度设置为 3 行,再还原为一行;将"录音机"添加到"固定项目列表"上;将最近在"开始"菜单和任务栏中打开的项目清空,并将最近打开过的程序的数目设置为 8 个。

【操作步骤】

(1)在任务栏的空白处右击,弹出快捷菜单,选择"属性"命令,在弹出的如图 1-4 所示的"任务栏和「开始」菜单属性"对话框中,选中"自动隐藏任务栏"选项。设置该项后任务栏的显示效果为当鼠标指针移至任务栏所在的位置时,系统立即显示任务栏;当鼠标离开时任务栏会自动隐藏。将"任务栏按钮"设置为"从不合并",设置后的效果为无论打开多少个窗口，窗口不会折叠成一个按钮。随着打开的程序和窗口越来越多，按钮的尺寸会逐渐变小并最终在任务栏中滚动。

（2）在图 1-4 所示窗口中，取消选中"锁定任务栏"选项。此时，鼠标移到任务栏空白处，按下鼠标左键不松开，可将任务栏拖动到其他位置。将鼠标指针移至任务栏顶部边缘，鼠标指针变为上下箭头，即可调整任务栏高度。用同样方法将任务栏高度拉回 1 行。

（3）选择"开始"→"所有程序"→"附件"，在"录音机"选项上右击，弹出如图 1-5 所示快捷菜单，选择"附到「开始」菜单"选项，这样「开始」菜单上就有"录音机"这个固定选项了。

图 1-4　"任务栏和「开始」菜单属性"对话框

图 1-5　"录音机"右键快捷菜单

（4）在任务栏空白处右击，弹出快捷菜单，选择"属性"命令，弹出对话框，选择"「开始」菜单"选项卡，如图 1-6 所示，选中"存储并显示最近在「开始」菜单和任务栏中打开的项目"选项。单击"自定义"按钮，弹出如图 1-7 所示对话框，将"要显示的最近打开过的程序的数目"设置为 8。

3. 文件和文件夹的管理

先后选用"详细信息""列表""小图标""大图标"和"特大图标"等模式显示"实验 6 素材"文件夹中的内容；在本地磁盘 D:\ 下创建一个新的文件夹，文件夹名称为自己的学号姓名（如：9902 张三），再在此文件夹中新建一个名称为"我的笔记"的文件夹，并在"我的笔记"文件夹中新建一个文本文件 test.txt，文件内容为自己的学院、学号和姓名；将"图片\公用图片\示例图片"文件夹的属性设置为只读，将其中的郁金香图片标记添加为"花"；删除"图片\公用图片\示例图片"文件夹，再恢复该文件夹。

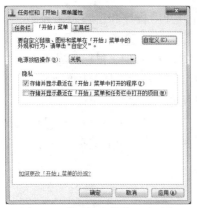

图 1-6 "「开始」菜单"选项卡

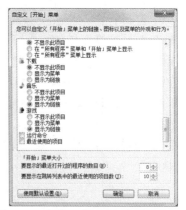

图 1-7 "自定义「开始」菜单"对话框

【操作步骤】

（1）双击桌面上的"计算机"图标，在打开的窗口右侧列表中选择并打开"图片\公用图片\示例图片"文件夹，在工具栏右侧的按钮中选择第一个，鼠标显示"更改您的视图"，单击该按钮右侧下三角按钮，弹出如图 1-8 所示的各种选项，观察几种视图查看方式的差别。

图 1-8 视图选项

（2）打开 D 盘，单击工具栏上的"新建文件夹"按钮，选中这个新建的文件夹，右击，在弹出的快捷菜单中选择"重命名"，将文件夹名字改为自己的学号姓名。打开此文件夹，按同样的方法新建一个"我的笔记"的文件夹。打开"我的笔记"文件夹，在空白处右击弹出快捷菜单，选择"文件"→"新建"→"文本文档"命令，创建一个名为"新建文本文档.txt"的空文本文档，将文件名改为"test"。双击打开文档，按要求输入文本内容（自己的学院、学号和姓名），保存后关闭。

（3）打开"图片\公用图片\示例图片"文件夹，选中郁金香图片，右击弹出快捷菜单，选择"属性"选项，在弹出的对话框的"详细信息"选项卡中将"标记"选项设置为"花"，如图 1-9 所示。

返回"公用图片"文件夹，右击"示例图片"文件夹，在弹出的快捷菜单中选择"属性"选项，在弹出的对话框中选择"只读"选项，如图 1-10 所示。

图 1-9 设置"详细信息"

图 1-10 选择"只读"选项

（4）打开"图片\公用图片"文件夹，选中"示例图片"文件夹，按【Delete】键将其删除（或者选择右键快捷菜单中的"删除"命令完成）。删除的文件或文件夹会临时存放在"回收站"中，双击桌面上的"回收站"图标，在打开的窗口中选中要还原的"示例图片"文件夹，单击工具栏上的"还原此项目"按钮（或者选择右键快捷菜单中的"还原"命令），就可以找回被删除的文件或文件夹。

4. 屏幕截图

将当前整个屏幕画面保存到 D 盘下自己学号姓名命名的文件夹中，命名为"我的屏幕.jpg"；将 Windows 7 的"图片"主窗口画面复制到 Word 文档中。

【操作步骤】

（1）选择"开始"→"所有程序"→"附件"→"截图工具"命令，在出现的如图 1-11所示的"截图工具"窗口中，单击"新建"按钮旁的三角形按钮，在列表中选择"全屏幕截屏"（或者按【PrintScreen】键），将整个屏幕复制到剪贴板中。运行"画图"应用程序，选择"剪贴板"的"粘贴"按钮，将剪贴板内的屏幕图像粘贴到画图工作区。单击左上角"保存"按钮，在弹出的"保存为"对话框中设置"文件名"为"我的屏幕"，"保存类型"下拉列表中选择JPEG 格式，将其保存在 D 盘下自己学号姓名命名的文件夹中。

图 1-11 "新建"列表

（2）选择"开始"菜单中的"图片"命令，打开"图片"主窗口。选择"开始"→"附件"→"截图工具"，在出现的"截图工具"窗口中单击"新建"按钮旁的三角形按钮，在列表中选择"窗口截屏"；按【Alt+PrintScreen】组合键，将当前活动窗口复制到剪贴板。运行 Word程序，在 Word 窗口的"开始"选项卡"剪贴板"组中单击"粘贴"按钮，将"图片"主窗口的截图复制到 Word 中，将其保存在 D 盘下自己学号姓名命名的文件夹中。

"截图工具"中除了全屏幕截屏（【PrintScreen】键）和活动窗口截屏（【Alt+PrintScreen】键）外，还有任意格式截屏和矩形截屏，同学们可以尝试各操作一次，做一下比较。

5. 创建桌面快捷方式

要求在 D 盘下以自己学号姓名命名的文件夹中创建一个指向"计算器"程序（calc.exe），文件名为"JSQ"的快捷方式。

【操作步骤】

（1）先找到所使用计算机中"计算器"程序所在的位置，一般为"C:\Windows\System32\calc.exe"。在 D 盘下自己学号姓名命名的文件夹空白处右击，在弹出的快捷菜单中选择"新建"→"快捷方式"命令。

（2）在弹出的对话框中的"请键入对象的位置"文本框中输入（或通过"浏览"选择）"C:\Windows\System32\calc.exe"，如图1-12所示，单击"下一步"按钮继续。在"键入该快捷方式的名称"文本框中，输入"JSQ"，单击"完成"按钮。

图 1-12　创建快捷方式

6. 应用 WinRAR 压缩和解压文件

将 D 盘下自己学号姓名命名的文件夹压缩为相同名称的 RAR 文件，如"9902 张三.rar"，存放在 D 盘下，然后把其中的"我的笔记"文件夹解压到 D 盘下，形成"D:\ 我的笔记"。最后提交"学号+姓名.rar"文件。

【操作步骤】

（1）选择"D:\"为当前文件夹，在自己学号姓名命名的文件夹上右击，在弹出的快捷菜单中选择"添加到压缩文件…"，在弹出的对话框中单击"确定"按钮，如图1-13所示。

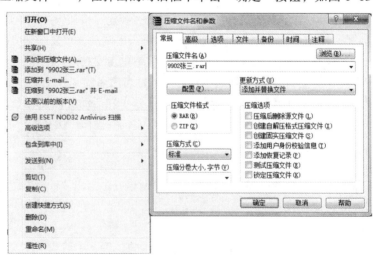

图 1-13　选择"添加到压缩文件…"弹出对话框

（2）开始压缩。压缩期间，将会显示压缩进程。压缩文件将会在指定的地方创建，并自动被当成选定的文件。

（3）双击"9902 张三.rar"，压缩文件在 WinRAR 程序窗口打开，可以使用工具按钮或命令菜单来压缩和解压文件。

（4）选择要解压的文件夹后，单击"解压到"按钮，在弹出的对话框中输入目标文件夹（默认为新建一个以文件名命名的文件夹）。单击"确定"按钮开始解压。

（5）提交"学号+姓名.rar"文件。

四、实验内容

（1）将"画图"程序添加到"开始"菜单的"固定项目列表"上。

（2）在 D 盘上建立以"学号+姓名 1"为名的文件夹（如 01108101 刘琳 1）和其子文件夹 sub1，然后执行下列操作：

① 在 C:\Windows 中任选 2 个 txt 文本文件，将它们复制到"学号+姓名 1"文件夹中；

② 将"学号+姓名 1"文件夹中的一个文件移到其子文件夹 sub1 中；

③ 在 sub1 文件夹中建立名为"test.txt"的空文本文档；

④ 删除文件夹 sub1，然后再将其恢复。

（3）搜索 C:\Windows\System32 文件夹及其子文件夹下所有文件名第一个字母为 s、文件长度小于 10 KB 且扩展名为 exe 的文件，并将它们复制到 sub1 文件夹中。

（4）用不同的方法，在桌面上创建"计算器""画图"和"剪贴板"三个程序的快捷方式，它们应用程序分别为：calc.exe、mspaint.exe 和 clip.exe。将三个快捷方式复制到 sub1 文件夹中。

（5）在"开始"菜单的"所有程序"子菜单中添加名为"书写器"的快捷方式，应用程序为 write.exe。

（6）在桌面创建"计算器"快捷方式，然后利用快捷方式打开计算器，选用"标准型"，将"计算器"窗口截图复制到剪贴板。

（7）将上题的"标准型"计算器窗口，截屏，通过"画图"程序，以 JPG 格式，用文件名 jsq.jpg 存入 sub1 文件夹中。

（8）将 D 盘中的"学号+姓名 1"的文件夹压缩为"学号+姓名 1.rar"文件，存放在 D 盘下，然后把其中的 sub1 文件夹解压到 D 盘下，形成"D:\sub1"。

（9）提交"学号+姓名 1.rar"文件。

实验 2　Word的基本操作

一、实验目的

（1）熟悉文字的输入及格式设置。

（2）掌握段落的拆分、移动和复制以及段落格式设置等操作。

（3）掌握边框与底纹、项目符号和编号的设置。

（4）熟悉格式、特殊字符的查找和替换。

（5）熟悉页眉、页脚及页码的设置。

（6）掌握分栏、首字下沉设置。

（7）熟悉插入艺术字体、图片等对象的操作方法。

（8）熟悉多级标题及目录的设置。

二、实验环境

（1）中文 Windows 7 操作系统。

（2）中文 Word 2010 应用软件。

三、实验范例

1. 操作题1

某高校为了使学生更好地进行职场定位和职业准备，提高就业能力，该校学工处将于 2018 年 10 月 19 号（星期五）19:30～21:30 在校国际会议中心举办题为"领慧讲堂——大学生人生规划"就业讲座，特别邀请资深媒体人、著名艺术评论家赵某担任演讲嘉宾。

请根据上述活动的描述，利用 Microsoft Word 2010 制作一份宣传海报（宣传海报的样式请参考"Fl1-海报参考样式.docx"文件），要求如下：

（1）调整文档版面，要求页面高度为 35 厘米，页面宽度为 27 厘米，页边距（上、下）为 5 厘米，页边距（左、右）为 3 厘米，并将素材文件夹下的图片"Fl1-海报背景图片.jpg"设置为海报背景。

【操作步骤】

打开"\范例 1 素材\fl1.docx"文件，单击 Word 窗口中菜单栏中的"页面布局"→"页面设置"组右下角的"对话框启动器"按钮，在弹出的对话框中进行设置，如图 2-1 所示，并单击"纸张"选项卡，设置页面宽度及高度。

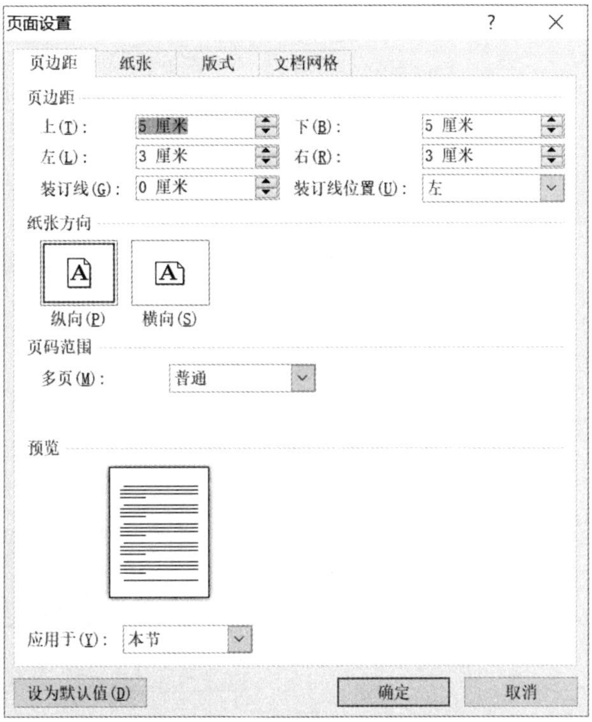

图 2-1　"页面设置"对话框

单击菜单栏中的"页面布局"→"页面背景"→"页面颜色"→"填充效果"选项，在弹出的对话框中选择"图片"选项卡，如图 2-2 所示，单击"选择图片"按钮，在弹出的"选择图片"对话框中选中素材图片"fl1-海报背景图片"，连续单击"确定"按钮，如图 2-3 所示。

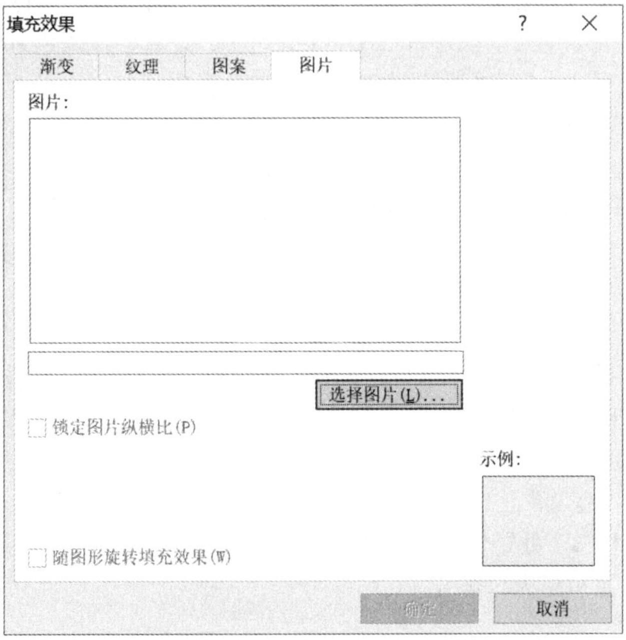

图 2-2　"填充效果"对话框

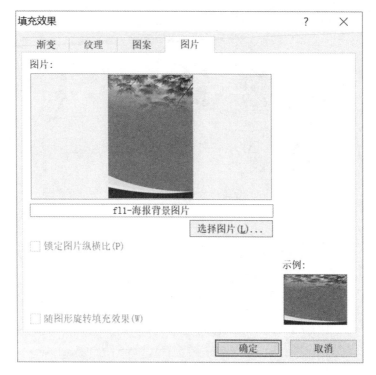

图 2-3　选中背景图片

（2）根据"F11-海报参考样式.docx"文件，调整海报内容文字的字号、字体和颜色。

【操作步骤】

选中文本"领慧讲堂就业讲座"，在"开始"选项卡"字体"组中设置字体为初号、微软雅黑，字体颜色为红色；选中文本"报告题目""报告人"等，设置字体为二号、黑体，字体颜色为蓝色；选中"大学生人生规划""校学工处"等，设置字体颜色为白色；选中"欢迎大家踊跃参加"，设置字体为华文行楷、小初，字体颜色为白色。

选中"领慧讲堂就业讲座"这一行，在"开始"→"段落"组中单击"居中"选项，将"欢迎大家踊跃参加"改为居中，将"主办校学生处"设置为文本右对齐。

（3）根据页面布局需要，调整海报内容中"报告题目""报告人""报告日期""报告时间""报告地点"信息的段落间距为 3.5 倍行距。在"报告人："位置后面输入报告人姓名（赵某）。

【操作步骤】

选中"报告题目""报告人""报告日期""报告时间""报告地点"这些段落，单击"开始"选项卡"段落"组右下角的"对话框启动器"按钮，在弹出的"段落"对话框的"缩进和间距"选项卡中设置行距为多倍行距，修改为 3.5 倍；将光标定位在"报告人"后面，输入"赵某"，字体颜色设置为白色，如图 2-4 所示。

（4）在"主办：校学工处"位置后另起一页，并设置第 2 页的页面纸张大小为 A4，纸张方向设置为"横向"，页边距为"普通"。

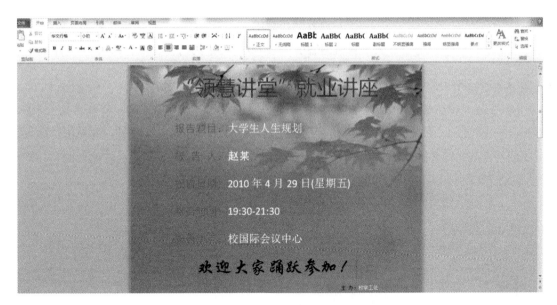

图 2-4　设置多倍行间距

【操作步骤】

将光标放在"主办：校学工处"的后面，选择"插入"→"页"→"分页"选项；选择"页面布局"→"页面设置"→"纸张大小"→"其他页面大小"，在弹出的对话框中选择纸张大小为"A4"，"应用于"选择"插入点之后"，如图 2-5 所示。在"页边距"选项卡中选择纸张方向为"横向"，单击"确定"按钮返回。选择"页面布局"→"页面设置"→"页边距"→"普通"选项将页边距设置为"普通"。

图 2-5　设置纸张大小

（5）在新页面中输入"日程安排"，并在该段落下增加本次活动的日程安排表（请参考"Fl1-活动日程安排.xlsx"文件），要求表格内容引用 Excel 文件中的内容。如果 Excel 文件中的内容发生变化，Word 文档中的日程安排信息也会随之发生变化。

【操作步骤】

光标定位到新页面的"日程安排"段落下，选择"插入"→"文本"→"对象"→"由文件创建"→"浏览"，在"浏览"对话框中找到"fl1-活动日程安排.xlsx"文件，并单击"插入"按钮返回，选中"链接到文件"复选框，单击"确定"按钮，如图 2-6 所示。这样就能做到：Excel 文件中的内容发生变化时，Word 文档中日程安排信息也随发生变化。

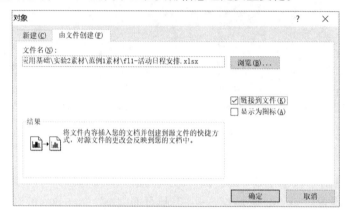

图 2-6 插入"对象"对话框

（6）在新页面的"报名流程"段落下，利用 SmartArt 图形制作本次活动的报名流程（学工处报名、确认座席、领取资料、领取门票）。

【操作步骤】

光标定位到新页面的"报名流程"段落下，选择"插入"→"插图"→"SmartArt"选项，在"选择 SmartArt 图形"对话框中选择"流程"中的第一个"基本流程"，如图 2-7 所示，单击"确定"按钮，在弹出窗口的实心黑点后输入文字，从上到下依次输入"学工处报名""确认坐席""领取资料"，按【Enter】键，继续输入"领取门票"，如图 2-8 所示，输入完成后关闭。

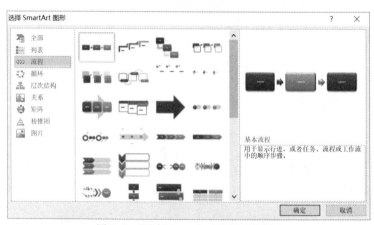

图 2-7 "选择 SmartArt 图形"对话框

图 2-8 输入文字

（7）设置"报告人介绍"段落下的文字，将文字颜色修改为白色，设置首行缩进为 2 字符，首字下沉三行。

【操作步骤】

选中"报告人介绍"段落下的文字，在"开始"选项卡"字体"组中设置字体颜色为白色；单击"开始"选项卡"段落"组右下角的"对话框启动器"按钮，在弹出的"段落"对话框中选择"缩进和间距"选项卡，选择"缩进"→"特殊格式"中的"首行缩进"，度量值为 2 字符，单击"确定"按钮返回；单击"插入"选项卡"文本"组中的"首字下沉"，在下拉列表中选择"首字下沉选项"，如图 2-9 所示。在弹出的对话框中选择"下沉"，"下沉行数"设置为 3。

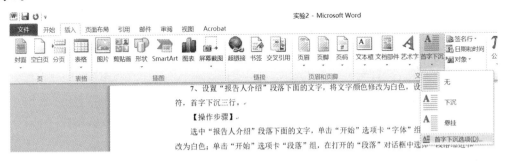

图 2-9　设置首字下沉

（8）在文末插入一张 Word 自带的剪贴画（computers），并设置"图片样式"为"金属椭圆"，将该照片调整到适当位置，不要遮挡文档中的文字内容。

【操作步骤】

光标定位到文末，选择"插入"→"插图"→"剪贴画"，在打开的窗格的"搜索文字"文本框里输入"computers"，单击"搜索"按钮，找到与样张相符的图片，单击该图片插入，如图 2-10 所示。

图 2-10　搜索图片

选中该图片，在新出现的"图片工具"→"格式"→"图片样式"组中单击列表右侧的下三角按钮，在弹出的样式列表中选择"金属椭圆"。

选中该图片，右击，在弹出的快捷菜单中选择"大小和位置"，在弹出的对话框中选择"文字环绕"选项卡，选择"环绕方式"为"四周型"，如图 2-11 所示，然后把图片拖到合适的位置。

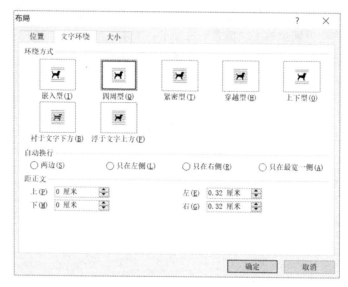

图 2-11 设置"文字环绕"为"四周型"

保存本次活动的宣传海报设计为 haibao.docx，并上传文件。

2. 操作题 2

文档"北京政府统计工作年报.docx"是一篇从互联网上获取的文字资料，请打开该文档并按下列要求进行排版及保存操作。

（1）将文档中的西文空格全部删除。

【操作步骤】

打开该文档，选中任意一个西文空格，按住组合键【Ctrl+C】复制；选择"开始"→"编辑"→"替换"，在弹出的对话框的"查找内容"文本框里按组合键【Ctrl+V】进行粘贴（或者直接切换到西文输入法，输入一个西文空格），"替换为"文本框里什么也不用输入，如图 2-12 所示，单击"全部替换"按钮完成操作。

图 2-12 "查找和替换"对话框

（2）将纸张大小设置为 16 开，上边距设置为 3.2 厘米，下边距设置为 3 厘米，左右页边距均设置为 2.5 厘米。

【操作步骤】

选择"页面布局"→"页面设置"右下角的"对话框启动器"按钮，在弹出的对话框的"纸张"选项卡中，将"纸张大小"更改为 16 开（18.4×26 厘米），如图 2-13 所示；再选中"页边距"选项卡，将上边距设置为 3.2 厘米，下边距设置为 3 厘米，左、右页边距均设置为 2.5 厘米，如图 2-14 所示。

图 2-13　设置纸张大小为 16 开

图 2-14　设置页边距

（3）利用素材前三行内容为文档制作一个封面页，令其独占一页（参考样例文件"封面样例.png"）。

【操作步骤】

选择"插入"→"页"→"封面"，在下拉列表中选择"运动型"封面；依次复制前三行每一行的文字内容，填入相应的文本框；文本框中的字体可以依个人喜好进行任意设置，效果如图 2-15 所示。

图 2-15　封面效果

（4）将标题"（三）咨询情况"下用蓝色标出的段落部分转换为表格，为表格套用一种表格样式使其更加美观。基于该表格数据，在表格下方插入一个饼图，用于反映各种咨询形式所占比例，要求在饼图中仅显示百分比。

【操作步骤】

选中该蓝色字体部分，选择"插入"→"表格"→"表格"→"文本转换成表格"选项，在弹出的对话框中单击"确定"按钮；保持表格选中状态，在新出现的"表格工具"→"设计"→"表格样式"中选择第二种"浅色底纹"。

选择"插入"→"插图"→"图表"插入图表，选择饼图，单击"确定"按钮。

选中表格第一列所有内容（从"咨询形式"到"网上咨询"），复制粘贴到自动弹出的 Excel 文件的单元格 A1 到 A4 中，选中表格第三列所有内容（从"所占比例"到"12.89"），复制粘贴到自动弹出的 Excel 文件的单元格 B1 到 B4 中，将所占比例复制粘贴到 B1 到 B4 中。选中第 5 行，右击，选择"删除"，把第 5 行数据及表格删除，更改表格范围，关闭 Excel 表格。

单击选中饼图，右击，选择"添加数据标签"，然后再右击饼图选择"设置数据标签格式"，在弹出的对话框中单击取消选中"值"，选中"百分比"，如图 2-16 所示。

（5）将文档中以"一、""二、""三、"……开头的段落设为"标题 1"样式；以"（一）""（二）"……开头的段落设为"标题 2"样式；以"1""2"……开头的段落设为"标题 3"样式。

图 2-16　设置为百分比

【操作步骤】

选中段落"一、概述",选择"开始"→"样式"中的"标题 1"样式,双击"开始"→"剪贴板"组中的"格式刷"选项,复制该格式,对所有"二""三"等开头的段落进行单击,完成所有标题 1 的格式设置操作后,单击"开始"→"剪贴板"组中的"格式刷"取消格式复制。

选中段落"(一)人员配备",选择"开始"→"样式"中的"标题 2"样式,双击"格式刷",复制该格式,对所有"(二)""(三)"等开头的段落进行单击,完成所有标题 2 的格式设置操作后,单击"格式刷"取消格式复制。

采用同类方法,设置所有标题 3 样式。

(6)为正文第 2 段中用红色标出的文字"统计局队政府网站"添加超链接,链接地址为"http://www.bjstats.gov.cn"。同时在"统计局队政府网站"后添加脚注,内容为"http://www.bjstats.gov.cn"。

【操作步骤】

选中红色部分文字,右击,在弹出的快捷菜单中单击"超链接",在弹出的对话框的"地址"栏中输入"http://www.bjstats.gov.cn",添加所需要的超链接。

光标定位在"统计局队政府网站"后,单击"引用"→"脚注"→"插入脚注",在该页下方添加脚注"http://www.bjstats.gov.cn"。

(7)在封面页与正文之间插入目录,目录要求包含标题第 1~3 级及对应页码。目录单独占用一页。

【操作步骤】

光标定位在第二页"本报告"前，选择"引用"→"目录"→"目录"，选择"插入目录"选项，在弹出的对话框中单击选中"显示页码"，"显示级别"设置为"3"，如图2-17所示，单击"确定"按钮。

光标定位在第二页"本报告"前，选择"页面布局"→"页面设置"→"分隔符"，在列表中选择"分节符"→"下一页"选项。

图2-17　设置目录

（8）除封面页与目录页外，在正文页上添加页码，要求正文页码从第1页开始，其中奇数页码居右显示，偶数页码居左显示。

【操作步骤】

在正文第一页页面底端双击，打开"页眉和页脚工具"设计工具窗口，选中"设计"选项卡"选项"组中的"奇偶页不同"。选择"页眉和页脚"组中的"页码"，在列表中选择"页面底端"→"普通数字3"（页码居右显示），插入页码，更改页码格式，起始页码更改为1。

到正文第二页页面底端，插入页码，选择页面底端普通数字2（页码居左显示）。

到正文第三页页面底端，插入页码，选择页面底端普通数字3（页码居右显示）。这时，所有正文页面的页码都设置好了。

（9）除封面页与目录页外，在正文页上添加页眉，其中奇数页页眉居右显示，内容为文档标题"北京市政府信息公开工作年度报告"，偶数页页眉居左显示，内容为"2012年度"。

【操作步骤】

在正文的第一页双击页眉的位置，打开"页眉和页脚工具"设计工具窗口，选中"设计"选项卡"选项"组中的"奇偶页不同"。单击"设计"→"页眉和页脚"→"页眉"→"编辑页眉"，输入标题内容"北京市政府信息公开工作年度报告"。单击"设计"→"位置"→"插入'对齐方式'选项卡"，在弹出的"对齐制表位"对话框选中"右对齐"单选按钮，单击"确定"按钮返回。

在正文的第二页双击页眉的位置，打开"页眉和页脚工具"设计工具窗口，选中"奇偶页不同"，单击"设计"→"页眉和页脚"→"页眉"→"编辑页眉"，输入标题内容"2012 年度"。单击"设计"→"位置"→"插入'对齐方式'选项卡"，在弹出的"对齐制表位"窗口选中"右对齐"，如图 2-18 所示。接下来，选择"开始"→"段落"→"文本左对齐"。

在正文的第三页双击页眉的位置，重复正文第一页的操作。这时，所有页面页眉设置完成。

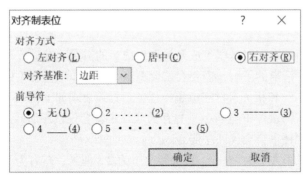

图 2-18　设置页眉对齐方式

（10）将完成排版的文档先以 Word 格式及文件名"北京政府统计工作年报.docx"进行保存，再另行生成一份同名的 PDF 文档进行保存。上传文件。

【操作步骤】

选择"文件"→"另存为"选项，在弹出的"另存为"对话框中设置以"北京政府统计工作年报.docx"保存；选择"文件"→"另存为"，在弹出的对话框中选择"保存类型"为"PDF"，文件格式改为 PDF 格式保存；上传这两个文件。

四、实验内容

1. 制作请柬

吴明是某房地产公司的行政助理，主要负责开展公司的各项活动，并起草各种文件。为丰富公司的文化活动，公司将定于 2014 年 10 月 21 日下午 15:00 时在会所会议室进行以爱岗敬业"激情飞扬在十月，创先争优展风采"为主题的演讲比赛。比赛需邀请评委，评委人员保存在名为"评委.xlsx"的文档中，公司联系电话为"021-66668888"。

根据上述内容制作请柬，具体要求如下：

（1）制作一份请柬，以"董事长：李某某"名义发出邀请，请柬中需要包含标题、收件人名称、演讲比赛地点和邀请人。

（2）对请柬进行排版，具体要求为：纸张大小设置为 B5，纸张方向设置为横向，页边距设置为适中。改变字体、调整字号；标题部分（"请柬"）与正文部分（以"尊敬的×××"开头）采用不同的字体和字号，以美观且符合中国人阅读习惯为准。

（3）在请柬的左下角位置插入一幅图片（图片自选），调整其大小及位置，不影响文字排列、不遮挡文字内容。

（4）进行页面设置，加大文档的上边距；为文档添加页脚，要求页脚内容包含本公司的联系电话。

（5）运用邮件合并功能制作内容相同、收件人不同（收件人为"评委.xlsx"中的每个人，但"江汉民"除外）的多份请柬。根据"评委.xlsx"文档中"性别"列的内容，在收件人姓名后加上"先生"或"女士"的尊称。

（6）先将合并主文档以"请柬1.docx"为文件名进行保存，再进行效果预览后生成可以单独编辑的单个文档，以"请柬2.docx"保存。

2. 制作手册

北京计算机大学组织专家对《学生成绩管理系统》的需求方案进行评审，为使参会人员对会议流程和内容有一个清晰的了解，需要会议会务组提前制作一份有关评审会的手册。请根据文档"需求评审会.docx"和相关素材完成编排任务。具体要求如下：

（1）将素材文件"需求评审会.docx"另存为"评审会会议秩序册.docx"，并保存于 D:\盘下，以下操作均基于"评审会会议秩序册.docx"。

（2）设置页面的纸张大小为16开，页边距上下为2.8厘米、左右为3厘米，并指定文档每页为36行。

（3）会议秩序册由封面、目录、正文三大块内容组成。其中，正文又分为四个部分，每部分的标题均已经以中文大写数字一、二、三、四……进行编排。要求将封面、目录以及正文中包含的四个部分分别独立设置为 Word 文档的一节。页码编排要求为：封面无页码；目录采用罗马数字编排；正文从第一部分内容开始连续编码，起始页码为1（如采用格式-1-），页码设置在页脚右侧位置。

（4）按照素材中"封面.jpg"所示的样例，将封面上的文字"北京计算机大学《学生成绩管理系统》需求评审会"设置为二号、华文中宋；将文字"会议秩序册"放置在一个文本框中，设置为竖排文字、华文中宋、小一；将其余文字设置为四号、仿宋，并调整到页面合适的位置。

（5）将正文中的标题"一、报到、会务组"设置为一级标题，单倍行距、悬挂缩进2字符。段前段后为自动，并以自动编号格式"一、二、……"替代原来的手动编号。其他三个标题"二、会议须知""三、会议安排""四、专家及会议代表名单"格式，均参照第一个标题设置。

（6）将第一部分（"一、报到、会务组"）和第二部分（"二、会议须知"）中的正文内容设置为宋体五号，行距为固定值16磅，左、右各缩进2字符，首行缩进2字符，对齐方式设置为左对齐。

（7）参照素材图片"表1.jpg"中的样例完成会议安排表的制作，并插入到第三部分相应位置中，格式要求：合并单元格、序号自动排序并居中、表格标题行采用黑体。表格中的内容可从素材文档"秩序册文本素材.docx"中取得。

（8）参照素材图片"表2.jpg"中的样例完成专家及会议代表名单的制作，并插入到第四部分相应位置中。格式要求：合并单元格、序号自动排序并居中、适当调整行高（其中样例中彩色填充的行要求大于1厘米）、为单元格填充颜色、所有列内容水平居中、表格标题行采用黑体。表格中的内容可从素材文档"秩序册文本素材.docx"中获取。

（9）根据素材中的要求自动生成文档的目录，插入到目录页中相应位置，并将目录内容设置为四号字。

实验 3　Excel的基本操作

一、实验目的

（1）熟悉单元格、行、列、工作表的基本操作。

（2）熟悉公式和常用函数的应用。

（3）掌握设置批注、边框和底纹的方法。

（4）掌握条件格式的方法。

（5）熟悉数据排序和自动筛选操作。

（6）掌握图表的创建和编辑。

（7）掌握分类汇总、数据透视表的创建。

二、实验环境

（1）中文 Windows 7 操作系统。

（2）中文 Excel 2010 应用软件。

三、实验范例

1. 操作题1

小林是一位中学教师，在教务处负责初一年级学生的成绩管理。第一学期期末考试刚刚结束，小林将初一年级三个班的成绩均录入文件名为"学生成绩单.xlsx"的 Excel 工作簿文档中。

请根据下列要求帮助小林老师对该成绩单进行整理和分析。

（1）对工作表"第一学期期末成绩.xlsx"中的数据表进行格式化操作：将第一列"学号"列设为文本，将所有"成绩"列设为保留两位小数的数值；适当加大行高列宽，改变字体、字号，设置对齐方式，增加适当的边框和底纹使工作表更加美观。

【操作步骤】

打开实验素材"学生成绩单.xlsx"，光标定位在第一列列标题"A"上时单击，选中第一列；右击弹出快捷菜单，选择"设置单元格格式"选项。在弹出的对话框的"数字"选项卡中的"分类"列表中选择"文本"，如图 3-1 所示，单击"确定"按钮。

图 3-1 "设置单元格格式"对话框

在列标题上选中"D"列，不要松开鼠标，直接拖动到"L"列，让 D~L 列全部选中；右击弹出快捷菜单，选择"设置单元格格式"选项，弹出对话框，在"数字"选项卡中选择"数值"，小数位数设置为保留两位小数，单击"确定"按钮。右击列标题弹出快捷菜单，选择"列宽"，将列宽设置为"10"，适当加大列宽。

选中 A1:L19 单元格区域，右击弹出快捷菜单，选择"设置单元格格式"选项，弹出对话框，在"字体"选项卡中可以改变字体、字号和颜色，如图 3-2 所示。

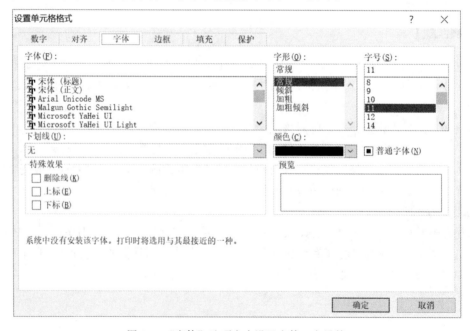

图 3-2 "字体"选项卡中设置字体、字号等

注意："A1:L19"表示选中从 A1 到 L19 的所有连续的单元格；"A1，L19"表示选中 A1 和 L19 这两个单元格。

选择"边框"选项卡，可以设置线条样式，添加外边框和内部边框，如图 3-3 所示。

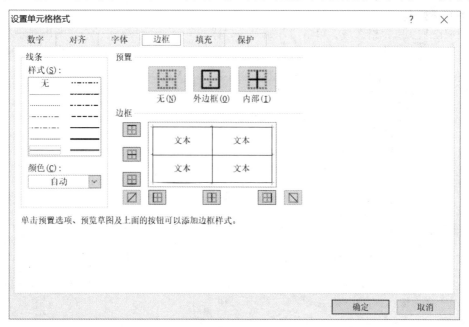

图 3-3　"边框"选项卡

选择"对齐"选项卡，可以根据需要和个人喜好设置文本的对齐方式为水平对齐方式或垂直对齐方式，以及合并单元格，如图 3-4 所示。

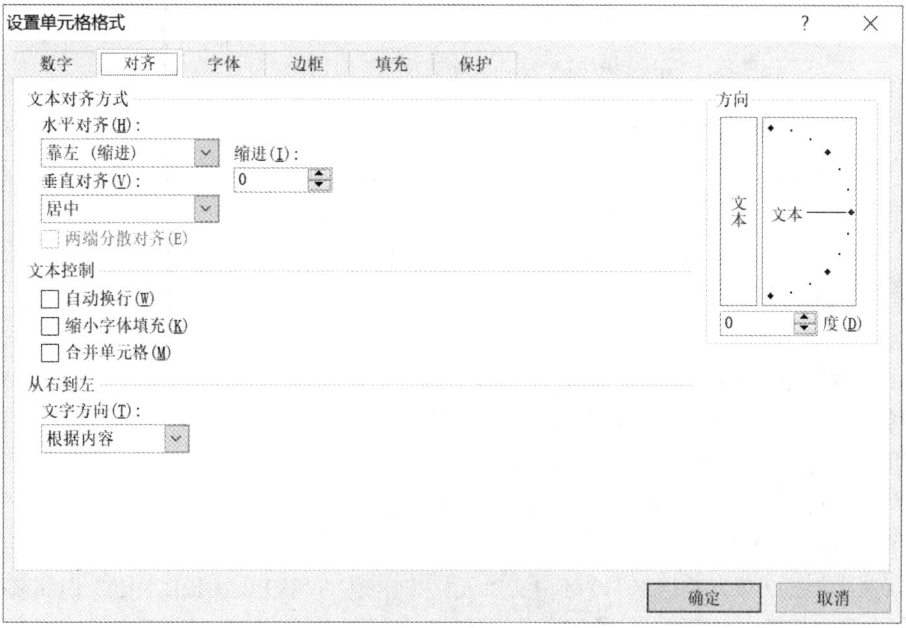

图 3-4　"对齐"选项卡

（2）利用"条件格式"功能进行下列设置：将语文、数学、英语三科中不低于110分的成绩所在的单元格以一种颜色填充，其他四科中高于95分的成绩以另一种颜色标出，所有颜色深浅以不遮挡数据为宜。

【操作步骤】

选中 D2:F19 单元格区域，单击"开始"→"样式"→"条件格式"→"突出显示单元格规则"→"其他规则"，在弹出的对话框中进行如下设置：选择"单元格值""大于或等于""110"，单击"格式"按钮将字体颜色设置为"红色"，如图3-5所示。

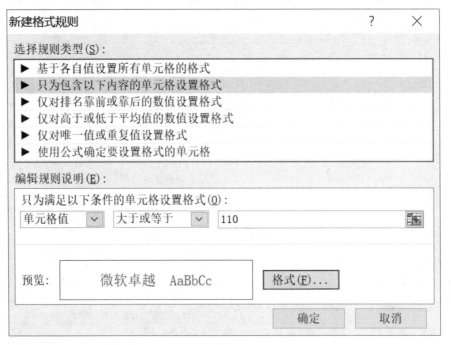

图3-5 "新建格式规则"对话框

选中 G2:J19 单元格区域，单击"开始"→"样式"→"条件格式"→"突出显示单元格规则"→"其他规则"，在弹出的对话框中进行如下设置：选择"单元格值""大于""95"，单击"格式"按钮，设置字体颜色为"黄色"。

（3）利用 SUM 和 AVERAGE 函数计算每一个学生的总分及平均成绩。

【操作步骤】

光标定位到 K2 单元格，选择"公式"→"函数库"→"自动求和"→"求和"选项，单元格里会出现"=SUM(D2：J2)"，按【Enter】键，可自动求出该学生的总分；将光标定位在 K2 单元格的右下角，当指针变成实心的"+"号时，按住鼠标左键不放，往下拖动到 K19 单元格，可以进行公式的复制操作，实现所有学生的求和操作。

同样的方法，光标定位到 L2 单元格，选择"公式"→"自动求和"→"平均值"选项，单元格里会出现"=AVERAGE(D2:K2)"。注意，此时自动求解单元格区域 D2:K2 的平均值。用鼠标重新选中 D2:J2 单元格区域，直到 L2 单元格里出现"=AVERAGE(D2: J2)"时再按【Enter】键，可自动求出该学生的平均分；将光标定位在 J2 单元格的右下角，当鼠标指针变成实心的"+"号时，按住鼠标左键不放，往下拖动到 J19 单元格，可以进行公式的复制操作，实现所有学生的求平均值操作。

（4）学号第3、4位代表学生所在的班级，例如："120105"代表12级1班5号，可通过MID函数提取班级信息。请通过函数提取每个学生所在的班级并按下列对应关系填写在"**班级**"列中。

"学号"的3、4位　　对应班级

01　　　　　　　1班

02　　　　　　　2班

03　　　　　　　3班

【操作步骤】

光标定位在 C2 单元格，选择"公式"→"函数库"→"fx 插入函数"选项，在弹出的对话框中搜索函数"MID"，可以看到 MID 函数需要设置的参数信息 MID(text,start_num,num_chars)，如图 3-6 所示。

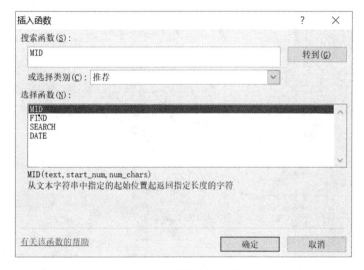

图 3-6　搜索 MID 函数

单击"确定"按钮，在弹出的对话框的三个文本框中依次输入：A2，3，2，如图 3-7 所示。

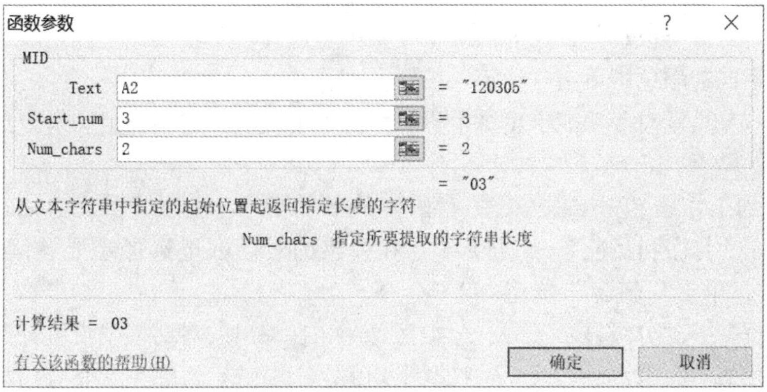

图 3-7　设置 MID 函数参数

单击"确定"按钮完成输入，即完整输入"=MID(A2,3,2)"，就可以得到学生班级为03。为了得到"3班"，我们需要在末尾追加字符"班"以及进行取整。需要在C2单元格里修改公式为：=INT(MID(A2,3,2))&"班"。然后，将光标定位在C2单元格的右下角，当鼠标指针变成实心的"+"号，按住鼠标左键不放，往下拖动到C19单元格，可以进行公式的复制操作，实现所有学生的班级设置操作。

（5）复制工作表"第一学期期末成绩.xlsx"，将副本放置到原表之后，改变该副本表标签的颜色，并重新命名为"分类汇总"。

【操作步骤】

在窗口左下方的工作表标签"第一学期期末成绩"字样上右击，在弹出的快捷菜单中选择"移动或复制"选项，在弹出的对话框中选择"Sheet2"，选中"建立副本"复选框，如图3-8所示，单击"确定"按钮。

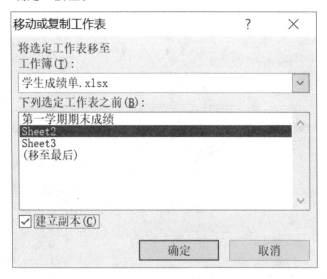

图3-8 "移动或复制工作表"对话框

在原表后面会生成一个新的工作表"第一学期期末成绩(2)"。对工作表标签"第一学期期末成绩(2)"右击，在弹出的快捷菜单中选择"重命名"选项，将工作表重命名为"分类汇总"。右击工作表标签"分类汇总"，在弹出的快捷菜单中选择"工作表标签颜色"选项，在列表中任意选择一种不同的颜色，单击"确定"按钮。

（6）通过"分类汇总"功能求出每个班各科的平均成绩，并将每组结果分页显示。

【操作步骤】

光标定位到工作表"分类汇总"中有内容的单元格里。注意分类汇总之前需要先排序。选择"数据"→"排序和筛选"→"排序"，在弹出的对话框里选择主要关键字为"班级"，如图3-9所示，单击"确定"按钮。

选择"数据"→"分级显示"→"分类汇总"，在弹出的对话框里设置分类汇总，"分类字段"选择"班级"，"汇总方式"选择"平均值"，"选定汇总项"是各门学科、总分、平均分的成绩，从语文到政治，选中"每组数据分页"复选框，如图3-10所示，单击"确定"按钮。分类汇总结果如图3-11所示。

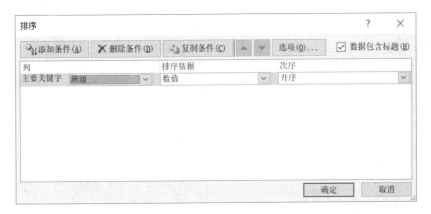

图 3-9　"排序"对话框

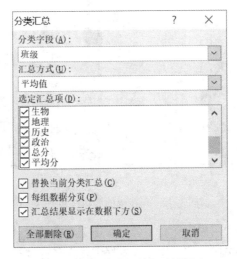

图 3-10　"分类汇总"对话框

		A	B	C	D	E	F	G	H	I	J	K	L	M	N	O
	1	学号	姓名	班级	语文	数学	英语	生物	地理	历史	政治	总分	平均分			
	2	120104	杜学江	1班	102.00	116.00	113.00	78.00	88.00	86.00	73.00	656.00	93.71			
	3	120103	齐飞扬	1班	95.00	85.00	99.00	98.00	92.00	88.00	92.00	649.00	92.71			
	4	120105	苏解放	1班	88.00	98.00	101.00	89.00	73.00	95.00	91.00	635.00	90.71			
	5	120102	谢如康	1班	110.00	95.00	98.00	99.00	93.00	93.00	92.00	680.00	97.14			
	6	120101	曾令煊	1班	97.50	106.00	108.00	99.00	99.00	96.00	98.00	703.50	100.50			
	7	120106	张桂花	1班	90.00	111.00	116.00	72.00	95.00	93.00	95.00	672.00	96.00			
	8			1班 平均值	97.08	101.83	105.83	89.00	90.00	93.00	89.17					
	9	120203	陈万地	2班	93.00	99.00	92.00	86.00	86.00	73.00	92.00	621.00	88.71			
	10	120206	李北大	2班	100.50	103.00	104.00	88.00	89.00	78.00	90.00	652.50	93.21			
	11	120204	刘康锋	2班	95.50	92.00	96.00	84.00	95.00	91.00	92.00	645.50	92.21			
	12	120201	刘鹏举	2班	93.50	107.00	96.00	100.00	93.00	92.00	93.00	674.50	96.36			
	13	120202	孙玉敏	2班	86.00	107.00	89.00	88.00	92.00	88.00	89.00	639.00	91.29			
	14	120205	王清华	2班	103.50	105.00	105.00	93.00	93.00	90.00	86.00	675.50	96.50			
	15			2班 平均值	95.33	102.17	97.00	89.83	91.33	85.33	90.33					
	16	120305	包宏伟	3班	91.50	89.00	94.00	92.00	91.00	86.00	86.00	629.50	89.93			
	17	120301	符合	3班	99.00	98.00	101.00	95.00	91.00	95.00	78.00	657.00	93.86			
	18	120306	吉祥	3班	101.00	94.00	90.00	90.00	87.00	95.00	93.00	659.00	94.14			
	19	120302	李娜娜	3班	78.00	95.00	94.00	82.00	90.00	93.00	84.00	616.00	88.00			
	20	120304	倪冬声	3班	95.00	97.00	102.00	90.00	93.00	88.00	93.00	662.00	94.57			
	21	120303	闫朝霞	3班	84.00	100.00	97.00	87.00	78.00	89.00	93.00	628.00	89.71			
	22			3班 平均值	91.42	95.50	97.83	89.83	88.67	91.67	87.00					
	23			总计平均值	94.61	99.83	100.22	89.56	90.00	90.00	88.83					

第一学期期末成绩　柱状分析图　分类汇总　Sheet2　Sheet3

图 3-11　分类汇总结果

（7）以分类汇总结果为基础，创建一个簇状柱形图，对每个班各科平均成绩进行比较，并将该图表放置在一个名为"柱状分析图"新工作表中。

【操作步骤】

在"分类汇总"工作表中，将光标定位到 C1 单元格中，按下鼠标左键不放并拖动鼠标选中 C1:J1 单元格区域（班级到政治），按住【Ctrl】键不放，依次选中单元格区域 C8:J8（一班的平均值）、C15:J15（二班的平均值）、C22:J22（三班的平均值）。注意：不能多选或少选单元格，单元格选中的顺序也不能错。

选择"插入"→"图表"→"柱形图"→"二维柱形图"→"簇状柱形图"，生成图表，如图 3-12 所示。

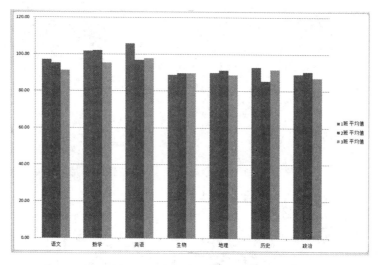

图 3-12　新生成的簇状柱形图

选中该图表，在空白处"图表区"右击弹出快捷菜单，选择"移动图表"，在弹出的对话框中选中"新工作表"单选按钮，在后面的文本框中输入名称"柱状分析图"，如图 3-13 所示，单击"确定"按钮。保存文件并提交。

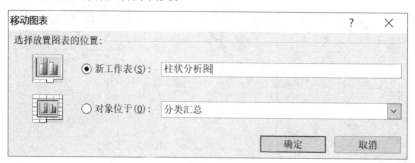

图 3-13　选择放置图表的位置

2. 操作题 2

小赵是一名参加工作不久的大学生。他习惯使用 Excel 表格来记录每月的个人开支情况，在 2018 年底，小赵将每个月各类支出的明细数据录入了文件名为"开支明细表.xlsx"的工作簿文档中。

请根据下列要求帮助小赵对明细表进行整理和分析。

（1）在工作表"小赵的美好生活.xlsx"的第一行中添加表标题"小赵 2018 年开支明细表"，并通过合并单元格，放置于整个表的上端、居中。

【操作步骤】

鼠标定位到左侧行标签"1"上，单击鼠标左键，选中第一行，右击弹出快捷菜单，选择"插入"，插入一行新行，在 A1 单元格中输入"小赵 2018 年开支明细表"，选中 A1:N1 单元格区域，右击弹出快捷菜单，选择"设置单元格格式"，在弹出的对话框的"对齐"选项卡中设置"水平对齐"为"居中"，"垂直对齐"为"居中"，选中"合并单元格"复选框；在"字体"选项卡中调整字体大小为"20"，如图 3-14 所示。

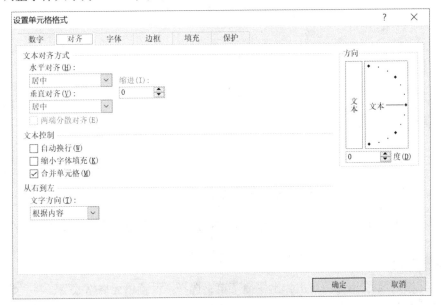

图 3-14　"设置单元格格式"对话框

（2）将工作表应用一种主题，并增大字号，适当加大行高列宽，设置居中对齐方式，除表标题"小赵 2018 年开支明细表"外，为工作表分别增加恰当的边框和底纹以使工作表更加美观。

【操作步骤】

将光标定位在数据区，选择"页面布局"→"主题"→"主题"选项，在列表中任选一种主题。

选中单元格区域 A2:N15，在"开始"→"字体"组中将字体适当加大（设置字体大小为 12 左右）。

在左侧行标签处，拖动鼠标选中第 2 行到第 15 行，右击弹出快捷菜单，选择"行高"，设置行高为 18，适当加大行高。

在上方列标签处，选中第 A 列到第 N 列，右击弹出快捷菜单，选择"列宽"，设置列宽为 11，适当加大列宽。

在"开始"选项卡的"单元格"组中，选择"格式"→"列宽"，设为 11 适当加大行列宽。

在"开始"选项卡的"单元格"组中，选择"格式"→"设置单元格格式"，在弹出的对话框中单击选择"对齐"选项卡，设置"水平对齐"为"居中"，"垂直对齐"为"居中"。

选中单元格区域 A1:N15，右击弹出快捷菜单，选择"设置单元格格式"，在"边框"选项卡中选择线条样式，添加外边框和内部边框，如图 3-15 所示；在"填充"选项卡中选择一种背景色，任选一种填充效果，进行美化。

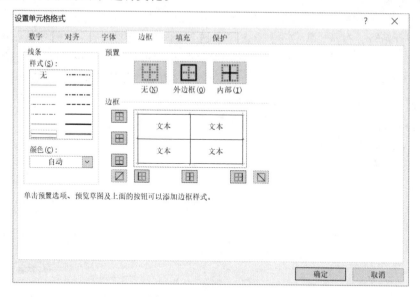

图 3-15 "边框"选项卡

（3）将每月各类支出及总支出对应的单元格数据类型都设为"货币"类型，无小数、有人民币货币符号。

【操作步骤】

选中单元格区域 C3:N15，右击弹出快捷菜单，选择"设置单元格格式"，在"数字"选项卡中选择"分类"为"货币"，将小数位数修改为"0"，"货币符号"为"￥"，如图 3-16 所示，单击"确定"按钮。

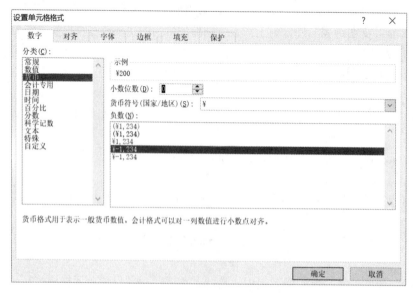

图 3-16 "数字"选项卡

（4）通过函数计算每个月的总支出、各个类别月均支出、每月平均总支出；并按每个月总支出升序对工作表进行排序。

【操作步骤】

光标定位在单元格 N3，选择"公式"→"函数库"→"fx 插入函数"，在弹出的对话框中选择"SUM"，单击"确定"按钮，在弹出的对话框中的 Number1 设置求和范围为：C3:N3，如图 3-17 所示。

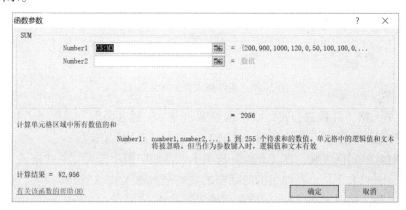

图 3-17 设置 SUM 函数参数

将光标定位在单元格 N3 的右下角，当鼠标指针变成实心的"+"号，按住鼠标左键不放，往下拖动到 N14 单元格，可以进行公式的复制操作，实现所有月份的求和操作。

同上述方法，将光标定位在单元格 C15，选择"公式"→"函数库"→"fx 插入函数"，在弹出的对话框中选择"AVERAGE"，单击"确定"按钮，设置求平均值范围为：C3:C14，然后复制公式从 C15 到 M15。

选中 A2:N14 单元格区域，选择"数据"选项卡"排序和筛选"中的"排序"，在弹出的对话框中设置"主要关键字"为"总支出"，"次序"为"升序"，如图 3-18 所示，单击"确定"按钮。

图 3-18 设置排序

（5）利用"条件格式"功能，将每月单项开支金额中大于 1000 元的数据所在单元格以不同的字体颜色与填充颜色突出显示；将月总支出额中大于月均总支出 110% 的数据所在单元格以另一种颜色显示。所用颜色深浅以不遮挡数据为宜。

【操作步骤】

选择 C3:M14 单元格区域，在"开始"选项卡"样式"组中选择"条件格式"→"突出显示单元格规则"→"大于"，在弹出的对话框的文本框内输入"1000"，设置为"浅红填充色深红色文本"，如图 3-19 所示，单击"确定"按钮。

图 3-19　条件格式设置对话框 1

选中 N15 单元格，选择"公式"→"函数库"→"fx 插入函数"，选择"AVERAGE"，单击"确定"按钮，设置求平均值范围：N2:N14，单击"确定"按钮。

选择 N2:N14 单元格区域，在"开始"选项卡"样式"组中选择"条件格式"→"突出显示单元格规则"→"大于"，在弹出的对话框的文本框内输入"=N15*1.1"，设置为"黄填充色深黄色文本"，如图 3-20 所示，单击"确定"按钮。

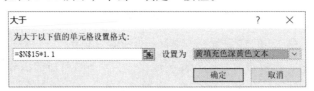

图 3-20　条件格式设置对话框 2

设置完成后的效果如图 3-21 所示。

年月	季度	服装服饰	饮食	水电气房租	交通	通信	阅读培训	社交应酬	医疗保健	休闲旅游	个人兴趣	公益活动	总支出
				小赵2018年开支明细表									
2018年11月	4季度	¥200	¥900	¥1,000	¥120	¥0	¥50	¥100	¥100	¥0	¥420	¥66	¥2,956
2018年4月	2季度	¥100	¥900	¥1,000	¥300	¥100	¥80	¥300	¥0	¥100	¥450	¥66	¥3,396
2018年3月	1季度	¥50	¥750	¥1,000	¥300	¥200	¥60	¥200	¥200	¥300	¥350	¥66	¥3,476
2018年6月	2季度	¥200	¥850	¥1,050	¥200	¥100	¥100	¥200	¥230	¥0	¥500	¥66	¥3,496
2018年5月	2季度	¥150	¥800	¥1,000	¥150	¥200	¥0	¥600	¥100	¥230	¥300	¥66	¥3,596
2018年10月	4季度	¥100	¥900	¥1,000	¥280	¥0	¥500	¥0	¥400	¥350	¥66	¥3,596
2018年1月	1季度	¥300	¥800	¥1,100	¥260	¥100	¥100	¥300	¥50	¥180	¥350	¥66	¥3,606
2018年9月	3季度	¥1,100	¥850	¥1,000	¥220	¥0	¥100	¥200	¥130	¥80	¥300	¥66	¥4,046
2018年12月	4季度	¥300	¥1,050	¥1,100	¥350	¥0	¥80	¥500	¥60	¥200	¥400	¥66	¥4,106
2018年8月	3季度	¥300	¥900	¥1,100	¥180	¥0	¥80	¥300	¥100	¥0	¥1,200	¥66	¥4,276
2018年7月	3季度	¥100	¥750	¥1,100	¥250	¥900	¥2,600	¥200	¥100	¥0	¥350	¥66	¥6,416
2018年2月	1季度	¥1,200	¥600	¥900	¥1,000	¥300	¥0	¥2,000	¥0	¥0	¥500	¥400	¥66	¥6,966
月均开销		¥342	¥838	¥1,029	¥301	¥158	¥271	¥450	¥85	¥174	¥448	¥66	¥4,161

图 3-21　设置条件格式后的效果

（6）在"年月"与"服装服饰"列之间修改"季度"列，要求数据根据月份由函数自动生成：1 至 3 月对应"1 季度"、4 至 6 月对应"2 季度"、7 至 9 月对应"3 季度"、10 至 12 月对应"4 季度"。

【操作步骤】

选择 B3 单元格，选择"公式"→"函数库"→"fx 插入函数"，选择"IF"，参数设置如图 3–22 所示。B2 单元格最终输入公式为"=IF(MONTH(A3)<=3,"1 季度", IF(MONTH(A3)<=6, "2 季度",IF(MONTH(A3)<=9, "3 季度",IF(MONTH(A3)<=12, "4 季度"))))"，单击"确定"按钮。

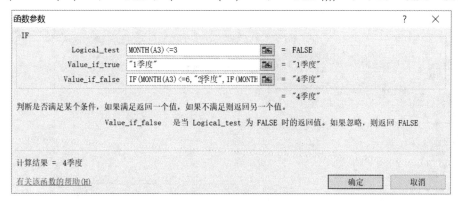

图 3–22　IF 函数参数设置

复制公式：将光标定位在单元格 B3 的右下角，当鼠标指针变成实心的"+"号，按住鼠标左键不放，往下拖动到 B14 单元格，可以进行公式的复制操作，实现所有月份的设置操作。

（7）复制工作表"小赵的美好生活"，将副本放置到原表右侧；改变该副本表标签的颜色，并重命名为"按季度汇总"，删除"月均开销"对应行。

【操作步骤】

右击下方工作表标签"小赵的美好生活"，在弹出的快捷菜单中选择"移动或复制"。在弹出的对话框中，选择"移至最后"，选中"建立副本"，如图 3–23 所示，单击"确定"按钮。

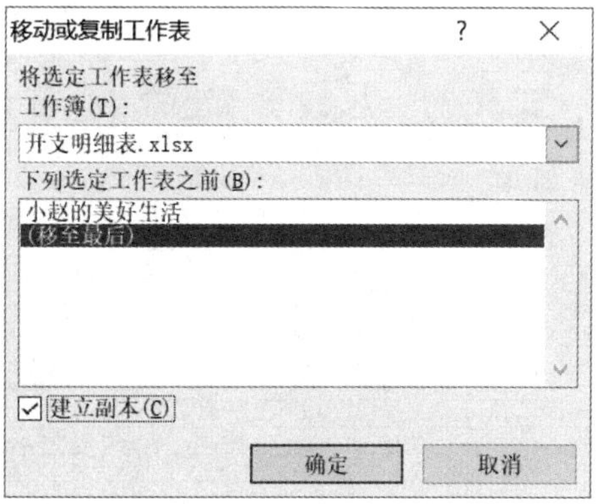

图 3–23　复制工作表

在原表后面会生成一个新的工作表"小赵的美好生活(2)"，右击工作表标签"小赵的美好生活(2)"，在弹出的快捷菜单中选择"重命名"，将工作表重命名为"按季度汇总"。右击工作表标签"按季度汇总"，在弹出的快捷菜单中选择"工作表标签颜色"，任意选择一种不同的颜色。

选中第 15 行，右击弹出快捷菜单，选择"删除"。

（8）通过分类汇总功能，按季度升序求出每个季度各类开支的月均支出金额。

【操作步骤】

光标定位到工作表"按季度汇总"中有内容的单元格里。注意：分类汇总之前需要先排序。选择"数据"→"排序和筛选"→"排序"，在弹出的对话框中选择主要关键字为"季度"，如图3-24所示，单击"确定"按钮。

图 3-24　设置季度升序排序

选中 A2 单元格，在"表格工具"中选择"设计"，选择"工具"中的"转换为区域"，弹出如图 3-25 所示对话框，选择"是"，将原来的表转为普通区域，才能进行下一步数据汇总。

选择"数据"→"分级显示"→"分类汇总"，在弹出的对话框中选择分类汇总，分类字段选择"季度"，汇总方式选择"平均值"，选定的汇总项是选中除"年月""季度"和"总支出"外的全部选项，单击"确定"按钮。

分类汇总结果如图 3-26 所示。

图 3-25　询问对话框

图 3-26　分类汇总结果

单击左侧所有的"-"，可以只显示每个季度的平均值，如图 3-27 所示。保存文件，提交。

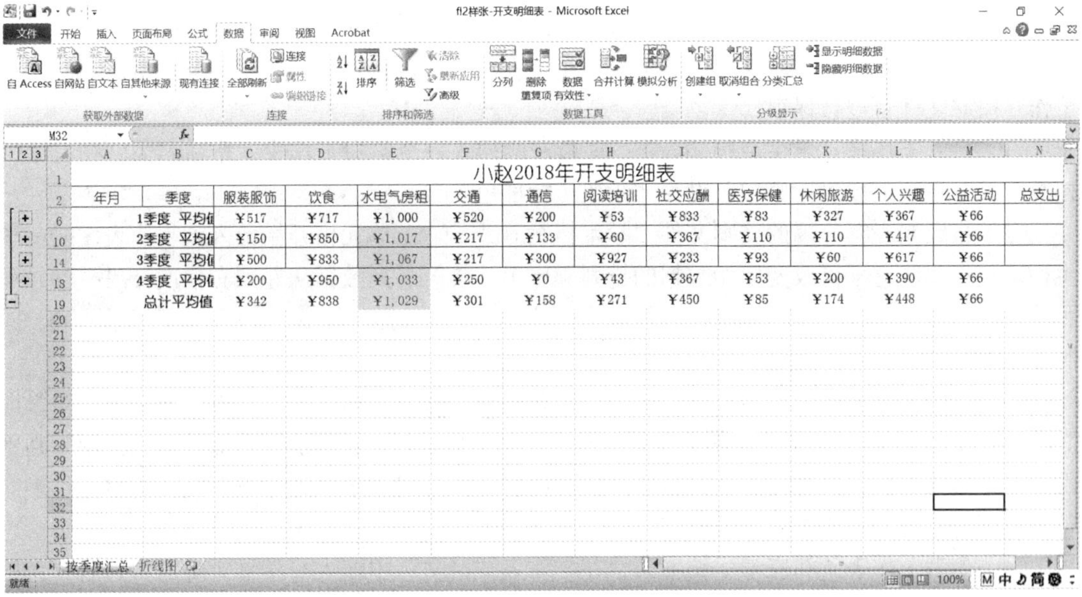

图 3-27 显示每个季度的平均值

四、实验内容

1. 制作员工工资表

小李是东方公司的会计，利用自己所学的办公软件进行记帐管理。为节省时间，同时又确保记帐的准确性，她使用 Excel 编制了 2014 年 3 月员工工资表"Excel.xlsx"。

请根据下列要求帮助小李对该工作表进行整理和分析（提示：本题中若出现排序问题则采用升序方式）：

（1）通过合并单元格，将表名"东方公司 2014 年 3 月员工工资表"放于整个表的上端、居中，并调整字体、字号。

（2）在"序号"列中分别填入 1 到 15，将其数据格式设置为数值、保留 0 位小数、居中。

（3）将"基础工资"（含）往右各列设置为会计专用格式、保留 2 位小数、无货币符号。

（4）调整表格各列宽度、对齐方式，使其显示更加美观。并设置纸张大小为 A4、横向，整个工作表需调整在 1 个打印页内。

（5）利用 IF 函数计算"应交个人所得税"列。（提示：应交个人所得税=应纳税所得额*对应税率-对应速算扣除数）

（6）利用公式计算"实发工资"列，公式为：实发工资=应付工资合计-扣除社保-应交个人所得税。

（7）复制工作表"2014 年 3 月"，将副本放置到原表的右侧，并命名为"分类汇总"。

（8）在"分类汇总"工作表中通过分类汇总功能求出各部门"应付工资合计""实发工资"的和，每组数据不分页。

2. 统计班级成绩

期末考试结束了，初三（14）班的班主任助理王老师需要对本班学生的各科考试成绩进行统计分析，并为每个学生制作一份成绩通知单下发给家长。按照下列要求完成该班的成绩统计工作并按原文件名进行保存。

（1）打开工作簿"学生成绩.xlsx"，在最左侧插入一个空白工作表，重命名为"初三学生档案"，并将该工作表标签颜色设为"紫色（标准色）"。

（2）将以制表符分隔的文本文件"学生档案.txt"自 A1 单元格开始导入到工作表"初三学生档案"中（注意不得改变原始数据的排列顺序）。将第一列数据从左到右依次分成"学号"和"姓名"两列显示。最后创建一个名为"档案"、包含数据区域 A1:G56、包含标题的表，同时删除外部链接。

（3）在工作表"初三学生档案"中，利用公式及函数依次输入每个学生的性别（"男"或"女"）、出生日期（××××年××月××日）和年龄。其中：身份证号倒数第二位用于判别性别，奇数为男性，偶数为女性；年龄需要按周岁计算，满一年才计 1 岁。最后调整工作表的行高与列宽、对齐方式等，以便阅读。

（4）参考工作表"初三学生档案"，在工作表"语文"中输入与学号对应的"姓名"；按照平时、期中、期末成绩各占 30%、30%、40% 比列计算每个学生的"学期成绩"并填入相应单元格中；按成绩由高到低的顺序统计每个学生的"学期成绩"排名并按"第 n 名"的形式填入"班级名次"列中。按照下列条件填写"期末总评"：

语文、数学的学期成绩	其他科目的学期成绩	期末总评
>=102	>=90	优秀
>=84	>=75	良好
>=72	>=60	及格
<72	<60	不合格

（5）将工作表"语文"的格式全部应用到其他科目工作表中，包括行高（各行行高均为 22 默认单位）和列宽（各列列宽均为 14 默认单位）。并按上述（4）中的要求依次输入或统计其他科目的"姓名""学习成绩""班级名次"和"期末总评"。

（6）分别将各科的"学期成绩"引入到工作表"期末总成绩"的相应列中，在工作表"期末总成绩"中依次引入姓名、计算各科的平均分、每个学生的总分，并按成绩由高到低的顺序统计每个学生的总分排名，以 1、2、3……形式标识名次，最后将所有成绩的数字格式设置为数值、保留两位小数。

（7）在工作表"期末总成绩"中分别用红色（标准色）和加粗格式标出各科第一名成绩。同时将前 10 名的总分成绩用浅蓝色填充。

实验 4 PowerPoint的基本操作

一、实验目的

（1）熟悉创建新演示文稿、在幻灯片上插入各种对象。

（2）掌握幻灯片的插入、移动、复制、删除等基本操作。

（3）熟悉幻灯片美化技术。

（4）掌握幻灯片放映时的切换方式和设置动画。

（5）掌握对象的动作设置，设置超链接。

二、实验环境

（1）中文 Windows 7 操作系统。

（2）中文 PowerPoint 2010 应用软件。

三、实验范例

1. 操作题1

校摄影社团在今年的摄影比赛结束后，希望可以借助 PowerPoint 将优秀作品在社团活动中进行展示，这些优秀的摄影作品保存在实验 4 素材范例 1 素材文件夹中，并以 Photo(1).jpg 到 Photo(12).jpg 命名。请按照如下需求，在 PowerPoint 中完成制作工作。

（1）利用 PowerPoint 应用程序创建一个相册，并包含 Photo(1).jpg 到 Photo(12).jpg 共 12 幅摄影作品。在每张幻灯片中包含 4 张图片，并将每幅图片设置为"居中矩形阴影"相框形状。设置相册主题为"\\实验 4 素材\范例 1 素材\"文件夹中的"相册主题.pptx"样式。

【操作步骤】

打开 PowerPoint 2010，选择"插入"→"图像"→"相册"→"新建相册"选项，在弹出的对话框中单击"文件/磁盘"按钮，如图 4-1 所示。

在弹出的对话框中定位到路径"\\实验 4 素材\范例 1 素材\"，将素材中的 12 张图片全部选中，如图 4-2 所示，单击"插入"按钮。

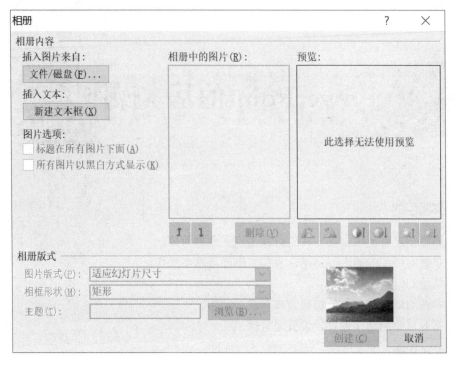

图 4-1 "相册"对话框

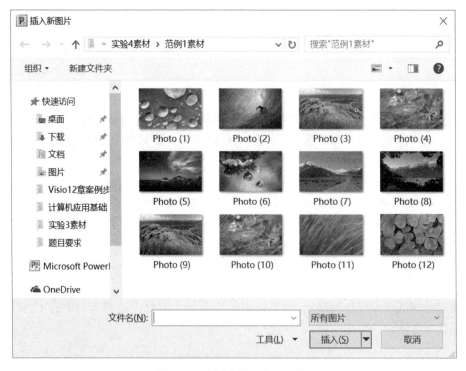

图 4-2 "插入新图片"对话框

返回图 4-1 所示对话框，选择"图片版式"为"4 张图片"，选择"相框形状"为"居中矩形阴影"，单击"主题"右边的"浏览"按钮，选中"实验 4 素材\范例 1 素材\相册主题.pptx"，单击"选择"按钮返回，如图 4-3 所示，单击"创建"按钮。

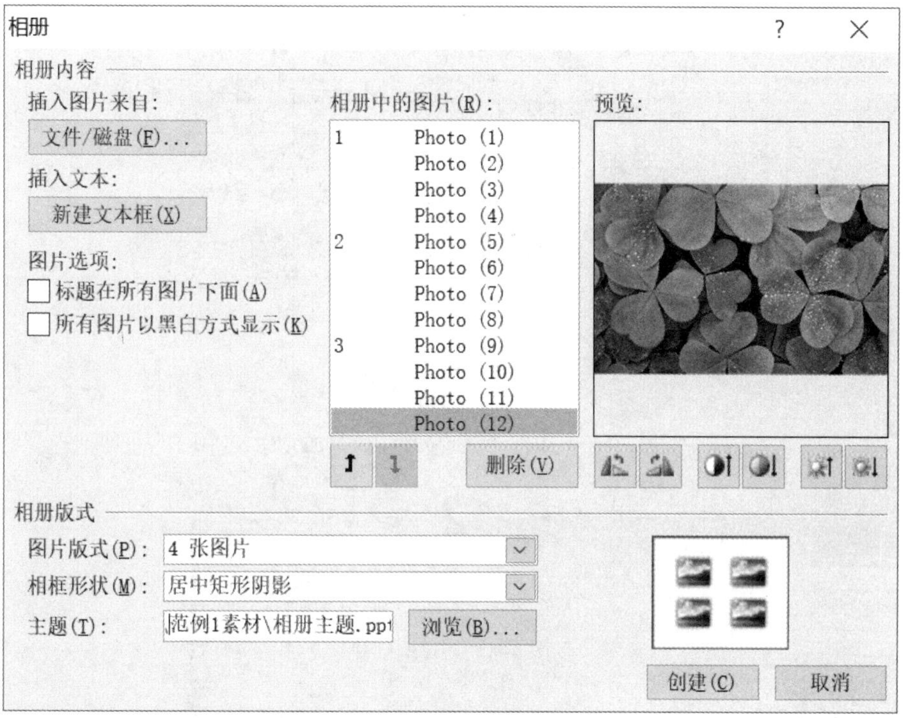

图 4-3 设置相册版式

（2）为相册中每张幻灯片设置不同的切换效果。

【操作步骤】

选中第 2 张幻灯片，在"切换"选项卡中任意选择一种切换效果（如"推进"）。选中第 3 张幻灯片，任意选择一种切换效果（如"擦除"）。选中第 4 张幻灯片，任意选择一种切换效果（如"分割"）。还可以在"效果选项"中设置不同的效果。

（3）在标题幻灯片后插入一张新的幻灯片，将该幻灯片设置为"标题和内容"版式。在该幻灯片的标题位置输入"摄影社团优秀作品赏析"；并在该幻灯片的标题位置输入 3 行文字，分别为"湖光山色""冰消雪融"和"田园风光"。

【操作步骤】

单击左侧幻灯片视图中的第 1 张幻灯片，选择"开始"→"幻灯片"→"新建幻灯片"→"标题和内容"，如图 4-4 所示。在该幻灯片的标题位置输入"摄影社团优秀作品赏析"；在该幻灯片的正文位置处单击，依次输入 3 行文字，分别为"湖光山色""冰消雪融"和"田园风光"。

（4）将"湖光山色""冰消雪融"和"田园风光"3 行文字转换成样式为"蛇形图片重点列表"的 SmartArt 对象，并将 Photo(1).jpg、Photo(6).jpg 和 Photo(9).jpg 定义为该 SmartArt 对象的显示图片。

图 4-4　新建幻灯片

【操作步骤】

选中"湖光山色""冰消雪融"和"田园风光"3 行文字，按下【Ctrl+X】组合键，剪切这 3 行文字，选择"插入"→"插图"→"SmartArt"，在新弹出的对话框中选择第 3 行第 2 列的"蛇形图片重点列表"，如图 4-5 所示，单击"确定"按钮，弹出如图 4-6 所示窗格。

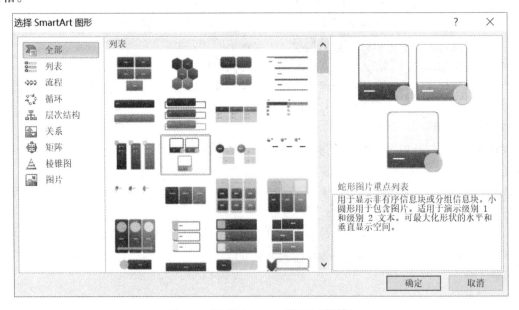

图 4-5　"选择 SmartArt 图形"对话框

图 4-6　输入文字窗格

在光标闪烁处，按【Ctrl+V】组合键，在文本处输入 3 行文字，选中多余的文本框并按【Delete】键将其删掉。效果如图 4-7 所示。

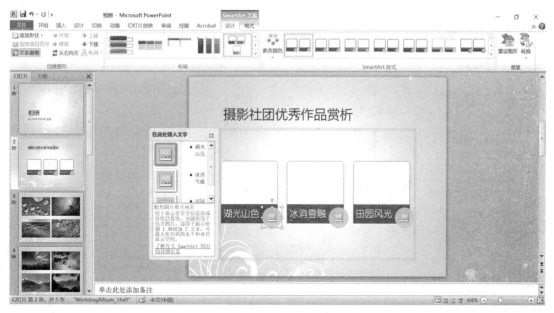

图 4-7　插入"蛇形图片重点列表"效果

单击"湖光春色"文字旁的图片按钮，弹出如图 4-8 所示对话框，插入"范例 1 素材"文件夹中的 Photo(1).jpg。单击"冰雪消融"文字旁的图片按钮，插入 Photo(6).jpg。单击"田园风光"文字旁的图片按钮，插入 Photo(9).jpg。

（5）为 SmartArt 对象添加自左至右的"擦除"进入动画效果，并要求在幻灯片放映时该 SmartArt 对象元素可以逐个显示。

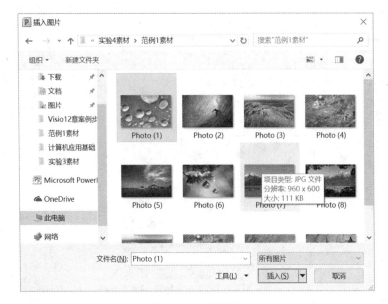

图 4-8　选择图片

【操作步骤】

选择 SmartArt 图像，选择"动画"→"动画"→"擦除"，单击"效果选项"，方向选择"自左侧"，序列选择"逐个"，如图 4-9 所示。

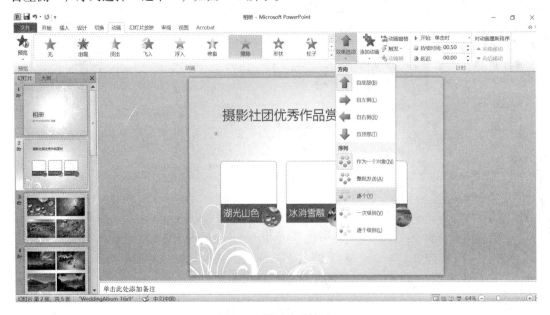

图 4-9　设置动画效果

（6）在 SmartArt 对象元素中添加幻灯片跳转链接，使得单击"湖光山色"标注形状可以跳转到第 3 张幻灯片，单击"冰消雪融"标注形状可以跳转到第 4 张幻灯片，单击"田园风光"标注形状可以跳转到第 5 张幻灯片。

【操作步骤】

选中"湖光春色"的外框，选择"插入"→"链接"→"超链接"，在弹出的对话框中选择链接到"本文档中的位置",选择"3.幻灯片 3",如图 4-10 所示,单击"确定"按钮。

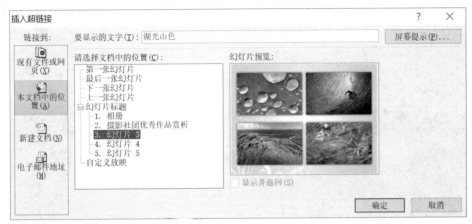

图 4-10　"插入超链接"对话框

选中"冰消雪融"的外框,选择"插入"→"链接"→"超链接",在弹出的对话框中选择链接到"本文档中的位置",选择"4.幻灯片 4",单击"确定"按钮。

选中"田园风光"的外框,选择"插入"→"链接"→"超链接",在弹出的对话框中选择链接到"本文档中的位置",选择"5.幻灯片 5",单击"确定"按钮。

(7)将"范例 1 素材"文件夹中的"music01.wav"声音文件作为该相册的背景音乐,并在幻灯片放映时即开始播放。

【操作步骤】

选择第一张幻灯片,选择"插入"→"媒体"→"音频"→"文件中的音频",在弹出的对话框中找到范例 1 素材文件夹中的"music01.wav"文件,如图 4-11 所示,单击"插入"按钮。

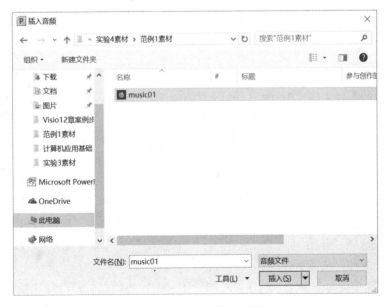

图 4-11　"插入音频"对话框

选择新出现的"音频工具"→"播放"选项卡，在"音频选项"组中将"开始"设置为"自动"，选中"循环播放，直到停止"和"播完返回开头"复选框，完成该操作，如图 4-12 所示。

图 4-12　设置音频播放方式

（8）将幻灯片第 1 页中"由 ***创建"修改为每个人自己的学号姓名。将该相册文件保存在 D:\盘文件夹下，命名为"fl1.pptx"。

【操作步骤】

光标定位到"由 ****创建"，删除"***"，并输入自己的学号和姓名。

选择"文件"→"另存为"弹出对话框，将该相册文件保存在文件夹 D:\下，命名为"fl1.pptx"，单击"保存"按钮。

2. 操作题 2

请根据提供的素材文件"fl2 素材.docx"中的文字、图片设计制作演示文稿，并以文件名"fl2.pptx"保存，具体要求如下：

（1）将素材文件中每个矩形框中的文字及图片设计为 1 张幻灯片，要求幻灯片版式至少有 3 种；为演示文稿插入幻灯片编号，与矩形框前的序号一一对应。

【操作步骤】

首先打开"fl2 素材.docx"文档观察，可以看到有序号 1~9，所以幻灯片要有 9 张。打开 PowerPoint 软件。选择"开始"→"幻灯片"→"新建幻灯片"→"标题和内容"完成新建一张幻灯片。多次选择"开始"→"幻灯片"→"新建幻灯片"新建不同的幻灯片版式，要求版式内容不低于 3 种，共需新建 9 张幻灯片。

将 Word 文档中的每一个序号的内容复制到 PowerPoint 的每一张幻灯片当中（为了方便观察，将 PPT 和 Word 同时观看，首先缩小 PPT 和 Word，在状态栏处右击弹出快捷菜单，选择纵向平铺窗口），一共 9 张，完成该操作后将 Word 文档关闭，将 PowerPoint 最大化。

选择"插入"→"文本"→"幻灯片编号"，在弹出的对话框中选中"幻灯片编号"复选框，如图 4-13 所示，单击"全部应用"按钮。

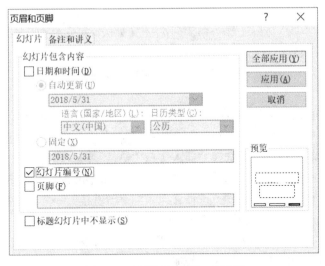

图 4-13　"页眉和页脚"对话框

（2）第 1 张幻灯片作为标题页，标题为"云计算简介"，并将其设为艺术字，有制作日期（格式：×××年××月××日），并指明制作者为自己的"学号姓名"。第 9 张幻灯片中的"敬请批评指正！"采用艺术字。

【操作步骤】

选择第 1 张幻灯片，将其版式设置为标题幻灯片，选中标题"云计算简介"，选择"插入"→"文本"→"艺术字"，在列表中选择第 1 行第 2 列的艺术字效果，将标题设为艺术字；光标定位到副标题中，选择"插入"→"文本"→"日期与时间"，在弹出的对话框中选择年月日格式，选中"自动更新"，如图 4-14 所示，单击"确定"按钮。

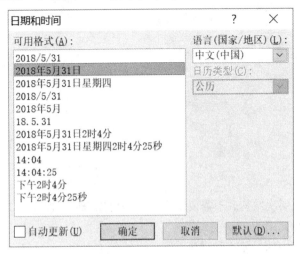

图 4-14　设置时间格式

日期后面另起一行，写上制作者：自己的学号姓名。

用同样的方法将第9张幻灯片中的文字"敬请批评指正"设置为任意的艺术字格式。

（3）为演示文稿选择一个合适的主题。

【操作步骤】

选择"设计"→"主题"中的任意一个幻灯片主题（如选择第三个"暗香扑面"），即可实现对所有幻灯片的同一主题设置。

（4）为第2张幻灯片中的每项内容插入超级链接，单击时可转到相应幻灯片。

【操作步骤】

选择"一、云计算的概念"，选择"插入"→"链接"→"超链接"，在弹出的对话框中选择链接到"本文档中的位置"，选择"3.幻灯片3"，单击"确定"按钮。

选择"二、云计算的特征"，选择"插入"→"链接"→"超链接"，在弹出的对话框中选择链接到"本文档中的位置"，选择"4.幻灯片4"，单击"确定"按钮。

选择"三、云计算的服务形式"，选择"插入"→"链接"→"超链接"，在弹出的对话框中选择链接到"本文档中的位置"，选择"6.幻灯片6"，单击"确定"按钮。

（5）第5张幻灯片采用SmartArt图形中的组织结构图来表示，最上级内容为"云计算的5个主要特征"，其下级依次为具体的5个特征。

【操作步骤】

选择"插入"→"插图"→"SmartArt"，选择对话框中"层次结构"的第1个"组织结构图"，如图4-15所示，单击"确定"按钮。

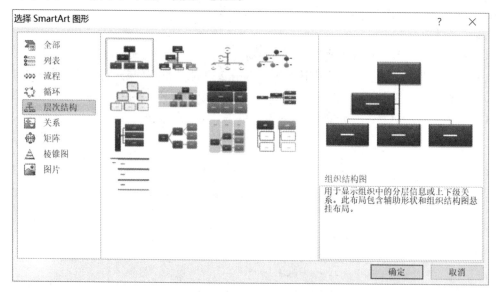

图4-15　选择"组织结构图"

在弹出窗口中设置层次结构，不需要的方框结构可以删除。按住【Ctrl】键选中下方5个框调整至合适大小，效果如图4-16所示。

（6）为每张幻灯片中的对象添加动画效果，并设置3种以上幻灯片切换效果。

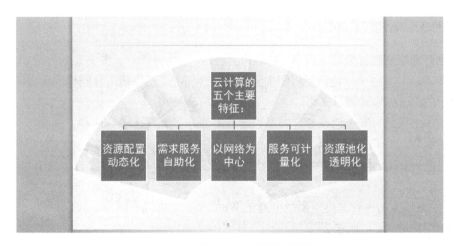

图 4-16　设置"组织结构"效果

【操作步骤】

单击第 1 张幻灯片中的艺术字"云计算简介"，选择"动画"选项卡里的任意一种动画，可以在右侧"效果选项"中设置动画效果。采用同样的方法，可以对所有幻灯片里的对象进行添加不同的动画效果。

单击第 1 张幻灯片，选择"切换"选项卡里的任意一种切换形式，可以在右侧"效果选项"中设置切换效果。采用同样的方法，可以对所有幻灯片进行添加不同的切换效果，但至少要 3 种以上。

（7）增大第 6、7、8 张幻灯片中图片显示比例，达到较好的效果。

【操作步骤】

选择第 6 张幻灯片，选中图片，当鼠标位于图片边缘时，按住鼠标左键不松开往外拉动，可适当拉大图片的大小，用同样方法可以对第 7、8 张幻灯片的图片大小进行调整。

选择"文件"→"另存为"，保存文件为"fl2.pptx"，上传。

四、实验内容

1. 制作个人简介 PPT

以个人简介为主题，创建演示文稿（幻灯片），保存为 PPT 学号姓名.pptx，上传文件。主要要求有：

（1）幻灯片不少于 8 页，内容可以包括但不限于：基本情况、学习经历、学习计算机的途径、计算机应用能力、我的好朋友、我的偶像、我的爱好。

（2）使用幻灯片母版视图，为每张幻灯片在左上角位置加上艺术字"学号姓名个人简介"，艺术字样式任选，字号为 16 号。

（3）为整个演示文稿指定合适的主题。

（4）为每张幻灯片设置不同的动画效果。

（5）为幻灯片插入任意一首背景音乐，要求在任意一张幻灯片放映时均可开始播放该背景音乐，并循环播放，直到停止。

（6）为演示文稿设置不少于 3 种幻灯片切换方式。

2. 制作图书策划方案 PPT

为了更好地控制教材编写的内容、质量和流程，小李负责起草了图书策划方案（请参考"图书策划方案.docx"文件）。他需要将图书策划方案 Word 文档中的内容制作为可以向教材编委会进行展示的 PowerPoint 演示文稿。

请根据图书策划方案（请参考"图书策划方案.docx"文件）中的内容，按照如下要求完成演示文稿的制作。

（1）创建一个新的演示文稿，内容需要包含"图书策划方案.docx"文件中所有讲解的要点，包括如下内容：

① 演示文稿中的内容编排需要严格遵循 Word 文档中的内容顺序，并仅需要包含 Word 文档中应用了"标题 1""标题 2""标题 3"样式的文字内容。

② Word 文档中应用了"标题 1"样式的文字需要成为演示文稿中每页幻灯片的标题文字。

③ Word 文档中应用了"标题 2"样式的文字需要成为演示文稿中每页幻灯片的第一级文本内容。

④ Word 文档中应用了"标题 3"样式的文字需要成为演示文稿中每页幻灯片的第二级文本内容。

（2）将演示文稿中的第一页幻灯片调整为"标题幻灯片"版式。

（3）为演示文稿应用一个美观的主题样式。

（4）在标题为"2012 年同类图书销售量统计"的幻灯片中插入一个 6 行 5 列的表格，列标题分别为"图书名称""出版社""作者""定价"和"销量"。

（5）在标题为"新版图书创作流程示意"的幻灯片中将文本框中包含的流程文字利用 SmartArt 图形展现。

（6）在该演示文稿中创建一个演示方案，该演示方案包含第 1、2、4、7 页幻灯片，并将该演示方案命名为"放映方案 1"。

（7）在该演示文稿中创建一个演示方案，该演示方案包含第 1、2、3、5、6 页幻灯片，并将该演示方案命名为"放映方案 2"。

（8）保存制作完成的演示文稿，并将其命名为"sy2.pptx"。

实验 5 Visio的基本操作

一、实验目的

（1）熟悉 Visio 2010 软件的界面及功能。
（2）掌握创建基本流程图的各项操作。
（3）掌握创建地图和平面布局图的各项操作。

二、实验环境

（1）中文 Windows 7 操作系统。
（2）中文 Visio 2010 应用软件。

三、实验范例

1. 操作题1

使用 Visio 2010 程序绘制"网上购物流程图"，样张如图 5-1 所示。

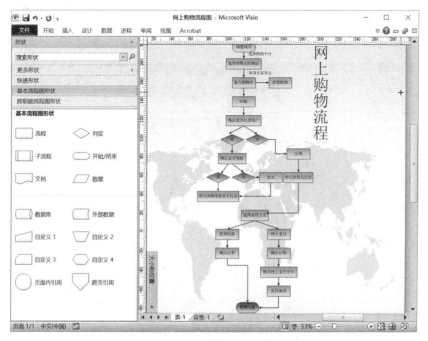

图 5-1 "网上购物流程图"样张

（1）新建"网上购物流程图"的绘图文档。

【操作步骤】

打开 Visio 2010 程序，选择"文件"→"新建"→"流程图"→"基本流程图"，如图 5-2
所示，单击"创建"按钮。

图 5-2　新建基本流程图

选择"文件"→"另存为"，创建名为"网上购物流程图"的绘图文档。

（2）新建开始流程"浏览网页"。

【操作步骤】

在"形状"窗格中选择"基本流程图形状"选项，在"基本流程图形状"列表中单击"开
始/结束"形状不松开，拖动到绘图文档的左上方位置，双击该形状，在文本框中输入文本"浏
览网页"，如图 5-3 所示。

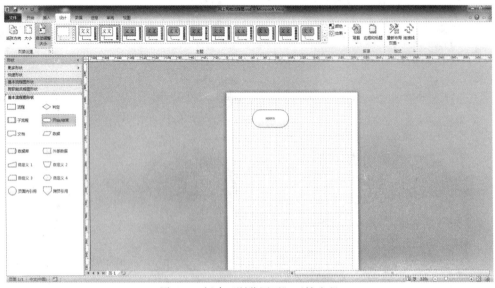

图 5-3　新建"浏览网页"开始流程

（3）新建多个流程和判定放置在绘图文档中。

【操作步骤】

按步骤（2）的方法，拖动多个流程和判定放置在绘图文档中，并输入相应的文字，如图 5-4 和图 5-5 所示。

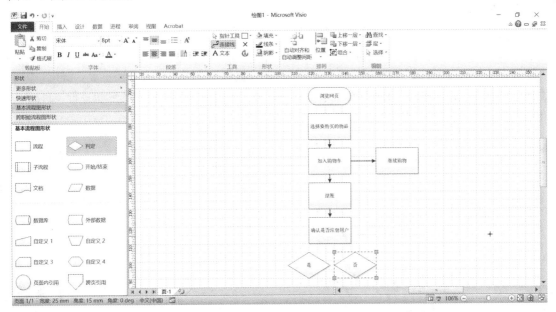

图 5-4　新建多个流程和判定（一）

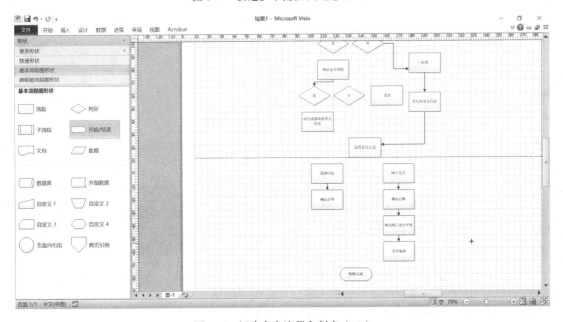

图 5-5　新建多个流程和判定（二）

（4）在形状之间输入说明文字，对流程进行描述或备注。

【操作步骤】

单击"开始"→"工具"→"A 文本",在绘图文档区需要输入说明文字的位置单击鼠标,插入一个文本框,在文本框内输入说明文字,对流程进行描述或备注。

(5)将所有文本的字号设置为 12pt,将所有流程图形状的高度设置为 11mm。

【操作步骤】

在绘图文档区,按【Ctrl+A】组合键将所有内容全部选中,单击"开始"菜单,在"字体"选项卡内将字体大小设置为"12pt"。

选中一个流程图形状,单击 Visio 窗口底部的"高度",弹出"大小和位置"窗口,将高度信息修改为"11mm",如图 5-6 所示。用同样的方法对所有其他流程图形状进行"11mm"高度设置。

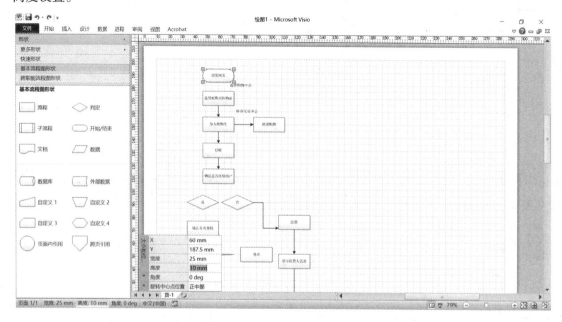

图 5-6　设置流程图形状的高度

(6)为形状之间添加连接线。

【操作步骤】

选中需要添加连接线的流程图形状,在流程图形状的上、下、左、右 4 个位置会出现"×"号,单击"×"号不松开,拖动到下一个流程图形状的"×"号处,为这两个形状之间添加一根连接线(也可以用方法二:单击"开始"→"工具"→"连接线",在绘图文档区添加连接线的位置从起点拉动到终点。)

根据需要选中连接线,右击弹出快捷菜单,选择"直线连接线"选项,可将连接线转换为直线连接线;单击"直角连接线"选项,可将连接线转换为直角连接线;单击"曲线连接线"选项,可将连接线转换为曲线连接线。设置后如图 5-7 所示。

(7)设置线条的格式:粗细为 1.5pt,颜色为红色,并设置形状的填充颜色。

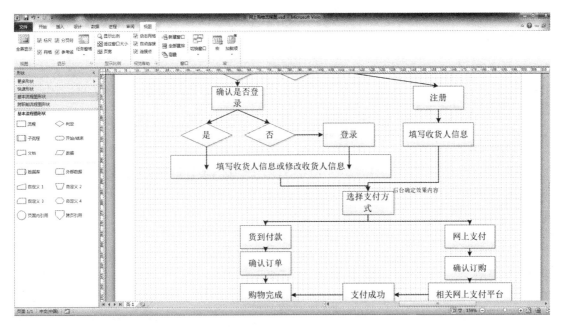

图 5-7 设置连接线后的效果

【操作步骤】

选中所有连接线,在线条区域右击弹出快捷菜单,选择"格式"→"线条",在弹出的"线条"对话框中设置粗细为"1.5pt",颜色为"红色",如图 5-8 所示,单击"确定"按钮。

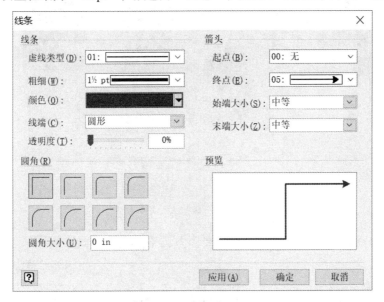

图 5-8 设置线条

选中除"购物完成"形状外的所有"流程"形状和"开始/结束"形状,在选择区域右击,在弹出的快捷菜单中选择"格式"→"填充",在弹出的对话框中设置其填充颜色为"浅绿"。采用同样的方法,设置"判断"形状的填充颜色为"浅蓝";"购物完成"形状的填充颜色为"绿色"。

（8）在绘图区的右上方添加标题"网上购物流程"，垂直显示。

【操作步骤】

选择"插入"→"文本框"→"垂直文本框"工具，在绘图区的右上方输入标题文本"网上购物流程"，在"开始"→"字体"选项卡中设置其字体为华文行楷，字号为48，字体颜色为紫色，适当调整文本框的形状大小，使文字垂直显示。

（9）设置绘图文档的背景，美化流程图。

【操作步骤】

选择"设计"→"背景"→"背景"第3行第2个值，设置绘图文档的背景为"世界"，保存文档。提交文件。

2. 操作题2

运用 Visio 2010 中的"地图和平面布局图"→"家具规划"模板绘制如图 5-9 所示的"室内家具布局图"。

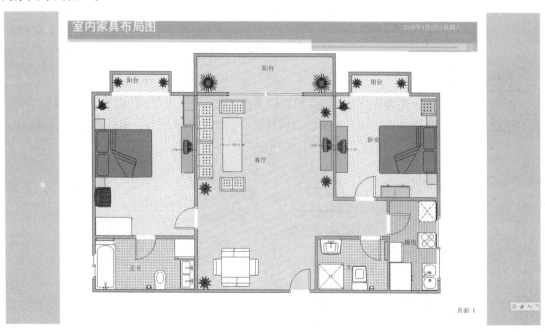

图 5-9 "室内家具布局图"样张

（1）新建"室内家具布局图"的绘图文档。调整"室内家具布局图"绘图文档的页面大小。

【操作步骤】

打开 Visio 2010 程序，选择"新建"→"地图和平面布置图"→"家居规划"，如图 5-10 所示，单击"创建"按钮。

单击"文件"→"另存为"，将文件保存至 D:\文件夹下，文件命名为"室内家具布局图"。

单击"设计"→"页面设置"右下角的"对话框启动器"按钮，弹出"页面设置"对话框，选择"页面尺寸"，将其中的"预定义的大小"设置为"A4""横向"，如图 5-11 所示，单击"应用"按钮，再单击"确定"按钮。

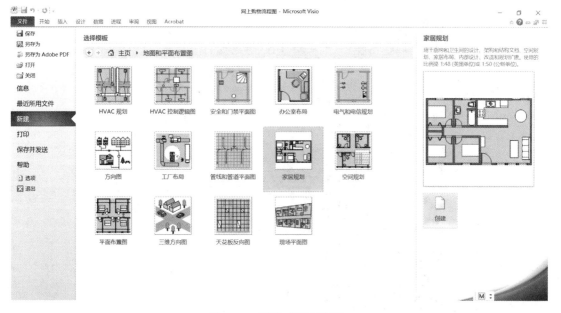

图 5-10　新建"家居规划"

图 5-11　设置页面

（2）建造墙壁，室内的布局大致规划好。

【操作步骤】

拖动"墙壁、外壳和结构"列表中的"墙壁"形状到绘图区，多次操作，并调整好墙壁的长度与角度，将室内的布局大致规划好，效果如图 5-12 所示，墙壁尺寸见图 5-13。

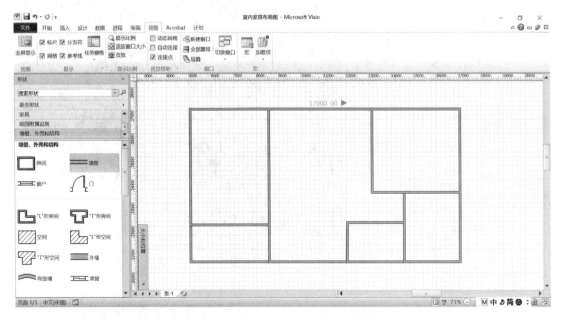

图 5-12　拖动"墙壁"形状后的效果

图 5-13　墙壁尺寸

（3）建造阳台。

【操作步骤】

拖动"墙壁、外壳和结构"列表中的"墙壁"形状到绘图区，多次操作，创建多个墙壁，并调整好墙壁的长度与角度，在房屋上方添加 3 个阳台，其中左右两阳台的尺寸相同，形状如图 5-14 所示，相关参数如图 5-15 所示。

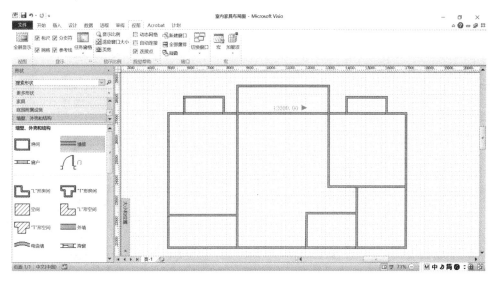

图 5-14 左右两阳台尺寸及形状

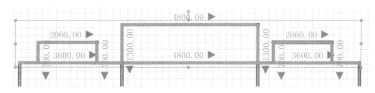

图 5-15 阳台参数

（4）建造门开口。

【操作步骤】

在"墙壁、外壳和结构"列表中将"开口"形状拖到绘图区小阳台与房间的结合处，将"双凹槽门"形状拖到绘图区大阳台与房间的结合处，将"滑窗"形状拖到绘图区下方的两个小房间处，位置和尺寸如图 5-16 和图 5-17 所示。

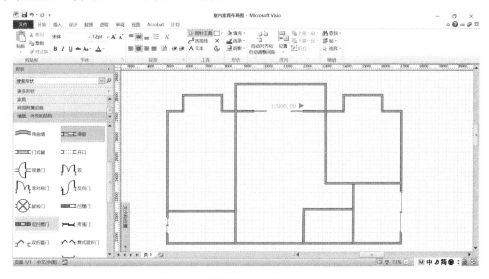

图 5-16 "滑窗"位置及尺寸（一）

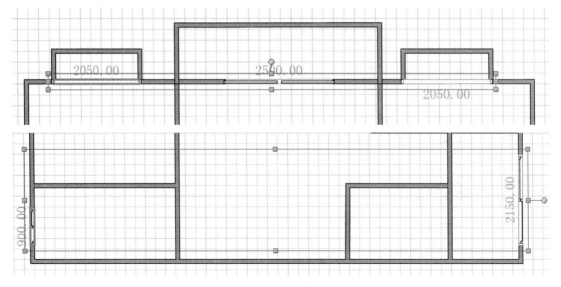

图 5-17 "滑窗"位置及尺寸（二）

（5）建造门。

【操作步骤】

在"墙壁、外壳和结构"列表中将"门"形状拖到绘图区，调整其大小、方向和位置，参数见图 5-18 和图 5-19。

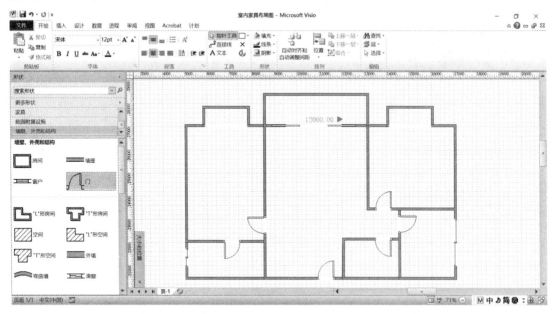

图 5-18 "门"形状参数（一）

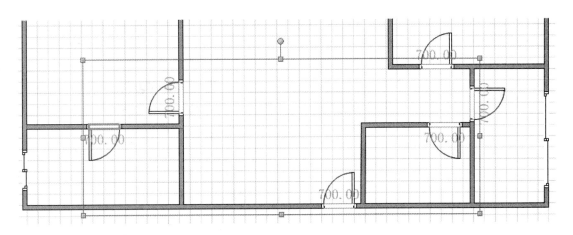

图 5-19　"门"形状参数（二）

（6）参照图 5-20 给房间命名，用不同颜色填充，并设置其透明度，线条颜色均为无，置于底层。

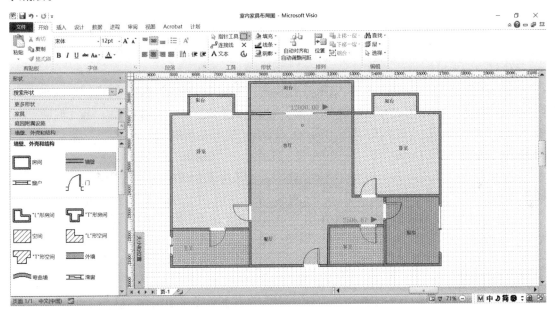

图 5-20　房间名称

【操作步骤】

选择"开始"选项卡中"工具"栏的"文本"，然后用单击绘图区相应的位置，分别命名"阳台、卧室、客厅、餐厅、厨房、主卫、客卫"。

卧室部分：选择"开始"→"工具"→"矩形"工具沿卧室内壁绘制矩形，单击"开始"→"形状"→"填充"→"填充选项"，在弹出的对话框中将"颜色"设置为"白色"，"图案"选择"04"，"图案颜色"为"强调文字颜色 3，深色 25%"，"透明度"为"20%"，如图 5-21 所示，单击"应用"按钮，再单击"确定"按钮。

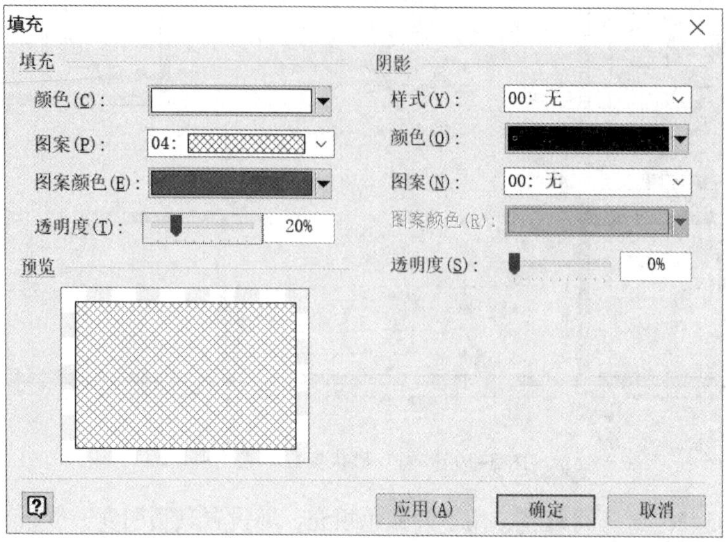

图 5-21　设置房间填充

单击"开始"→"形状"→"线条"→"无线条",将线条颜色取消。在矩形框中右击弹出快捷菜单,选择"置于底层"→"置于底层",将填充图案置于底层。

其他部分同理操作。

小阳台和卧室设置要求为:填充"颜色"设置为"白色","图案"选择"04","图案颜色"为"强调文字颜色3,深色25%","透明度"为"20%";"线条"→"无线条";"置于底层"。

大阳台、客厅和餐厅设置要求:填充"颜色"设置为"强调文字颜色5","图案"选择"05","图案颜色"为"白色","透明度"为"50%";"线条"→"无线条";"置于底层"。

主卫和客卫设置要求为:填充"颜色"设置为"强调文字颜色4","图案"选择"03","图案颜色"为"白色","透明度"为"50%";"线条"→"无线条";"置于底层"。

厨房设置要求为:填充"颜色"设置为"浅绿","图案"选择"07","图案颜色"为"白色","透明度"为"25%"。"线条"→"无线条";"置于底层"。

(7)安放植物,布置家具。

【操作步骤】

安放植物:拖动"家具"列表中的"室内植物"形状到绘图区小阳台,单击"开始"→"形状"→"填充",选择填充颜色为"绿色";同样操作,拖动"家具"列表中的"大植物"到大阳台,填充为绿色,调整其大小和位置。

布置卧室。将"家具"列表中的"可调床""床头柜""矩形桌""双联梳妆台""躺椅""安乐椅""小型植物","家电"列表中的"电视机"和"柜子"列表中的"衣橱"形状拖到卧室并调整其大小和位置,并填充不同的颜色,效果见图5-22。

布置客厅和餐厅。将"长沙发椅""沙发""矩形桌""电视机""室内植物""长方形餐桌"形状拖到客厅和餐厅,并调整其位置和大小,并填充不同的颜色,效果见图5-23。

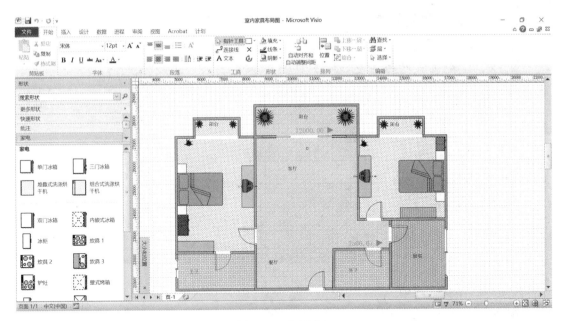

图 5-22　布置卧室

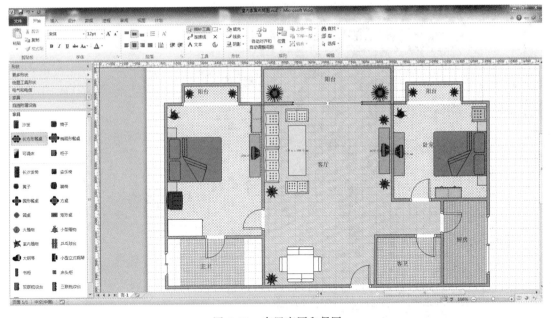

图 5-23　布置客厅和餐厅

布置主卫。将"卫生间和厨房平面图"列表中的"浴缸 1""双水盆""抽水马桶""毛巾架""卫生纸架"和"家电"列表中的"洗衣机"形状拖到主卫中，调整其方向，效果见图 5-24。

布置客卫。将"卫生间和厨房平面图"列表中的"淋浴间""带基座水池 2""卫生纸架""壁式抽水马桶""毛巾架"形状拖到客卫中，调整其方向，效果见图 5-25。

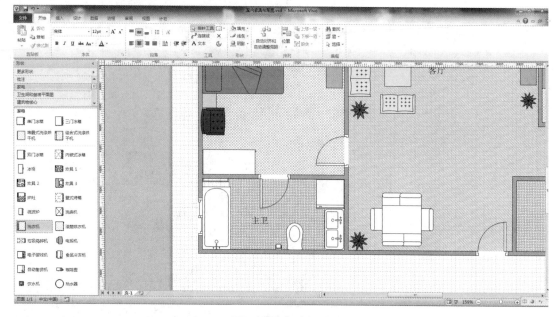

图 5-24　布置主卫

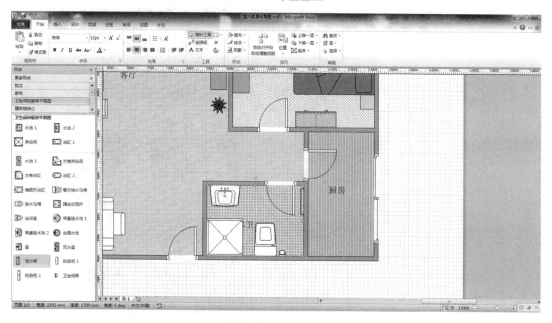

图 5-25　布置客卫

　　布置厨房。将"卫生间和厨房平面图"列表中的"水池 2"和"家电"列表中的"三门冰箱""炊具 1""壁式烤箱""微波炉"形状拖到厨房中,调整其方向,效果见图 5-26。

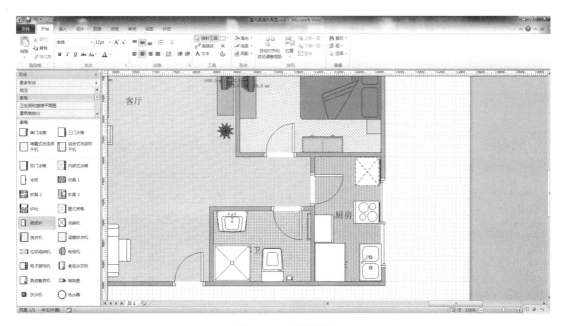

图 5-26　布置厨房

（8）背景设置，添加标题。

【操作步骤】

选择"设计"选项卡，选择"背景"→"实心"，选择"边框和标题"→"都市"。

单击绘图文档底部的"背景 1"进入标题背景页面，双击标题，即可修改，输入"室内家具布局图"；在"开始"→"字体"中，设置文字字体为"黑体"，字体颜色为"白色"；在"开始"→"形状"中，设置边框的填充颜色为"浅绿"；单击"保存"按钮，如图 5-27 和图 5-28 所示。

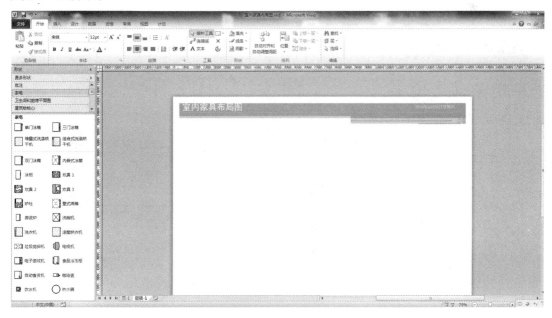

图 5-27　标题及背景效果（一）

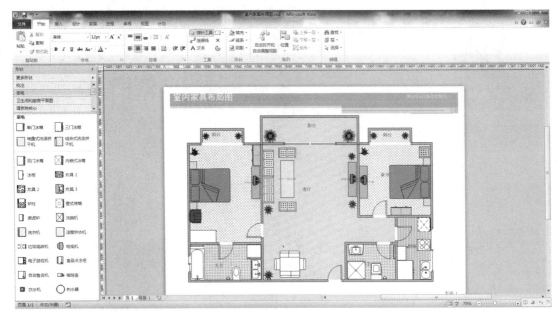

图 5-28　标题及背景效果（二）

保存文件，并提交。

四、实验内容

1. 绘制"网站建设流程图"

参考样张，运用 Visio 2010 中的"流程图"模板中的"基本流程图"模具和"常规"模板中的"基本形状"模具绘制如图 5-29 所示的"网站建设流程图"。

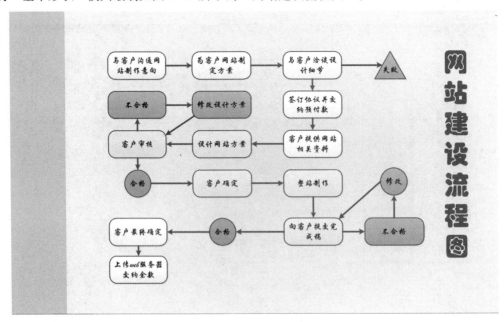

图 5-29　"网站建设流程图"样张

（1）选择"流程图"模板的"基本流程图"选项，创建名为"网站建设流程图"的绘图文档并保存。

（2）将"流程"形状拖到绘图区的左上方，调整形状高度为 18mm，边框粗细为 1.5pt，输入文本并设置格式。

（3）设置形状的线条样式和填充颜色。

（4）按【Shift+Ctrl】组合键向右和下方复制该形状多份，并按样张所示进行摆放。

（5）修改复制后的形状中的文本内容，并添加"基本形状"列表中的"圆形"和"三角形"形状到绘图区的合适位置，其高度也为 18mm，边框粗细为 1.5pt，然后输入文本，其格式与前面的相同。

（6）为各形状之间添加连接线，线条粗细为 3pt，颜色为蓝色，其中两条折线改为直线连接线。

（7）为形状设置不同的填充颜色。"失败""不合格""修改设计方案"和"修改"形状的填充颜色为"橙色"；"合格"形状的填充颜色为"浅绿"；"客户审核""设计网站方案""客户确定""整站制作"和"向客户提交完成稿"形状的填充颜色为"强调文字颜色 2"。

（8）设置相关箭头的颜色为红色。

（9）利用"垂直文本框"在绘图区的右侧输入标题"网站建设流程图"，格式为华文琥珀，48pt，蓝色。

（10）设置绘图文档的背景为"中心渐变"，保存文档。

2. 绘制"公园平面规划图"

参考样张，运用 Visio 2010 中的"地图和平面布局图"→"平面布置图"模板绘制如图 5-30 所示的"公园平面规划图"。

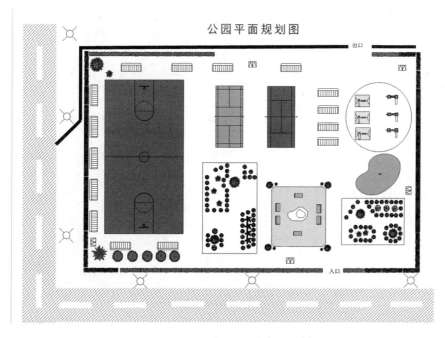

图 5-30　"公园平面规划图"样张

（1）"新建"列表的"模板类别"中选择"地图和平面布置图"模板中的"现场平面图"，文件保存为"公园平面规划图"。

（2）将"绘图工具形状"中的矩形拖到绘图区的左侧和下方，其尺寸分别为："宽度"为"121000mm"，"高度"为"106700mm"；"宽度"为"140000mm"，"高度"为"12000mm"，作为公路；并在其内部适当添加小矩形作为道路标线。

选择两个大矩形，选择"开始"选项卡→"形状"工具栏中的"填充"，选择"填充选项"，其中"颜色"为白色，"图案"为"02"，"图案颜色"为紫色，然后依次单击"应用""确定"按钮；"线条"设置为无线条。

（3）绘制公园的围墙、篮球场、羽毛球场和网球场。

（4）布置绿化带。将"植物"列表中的"阔叶树篱""多年生植物绿化带""落叶灌木 d""多汁植物""阔叶常绿灌木""阔叶长绿树"和"棕榈树"等形状拖到绘图区，进行缩放后填充为绿色，并摆成一定造型。

（5）布置"秋千""游乐设施""肾形泳池""长凳"和"巨石""户外长凳"和"垃圾罐""灯柱"等。

（6）利用"文本"工具输入标题"公园平面规划图""入口"和"出口"文本，并设置标题为"黑体""60pt"字符间距为加宽，磅值为10pt"；"入口"和"出口"文本为"宋体 30pt""加粗"。

（7）设置绘图文档背景为"水平渐变"，保存文档。

实验 6 Photoshop的基本操作

一、实验目的

（1）熟悉 Adobe Photoshop CS5 软件的界面及功能。
（2）学会颜色的填充及混合模式的修改。
（3）熟练掌握渐变油漆桶等工具的基本用法。
（4）熟练掌握图层基本操作。

二、实验环境

（1）中文 Windows 7 操作系统。
（2）Adobe Photoshop CS5 中文版。

三、实验范例

1. 操作题1

通过红、绿、蓝三色光混合练习，理解 RGB 颜色模型的图像原理，效果如图 6-1 所示。

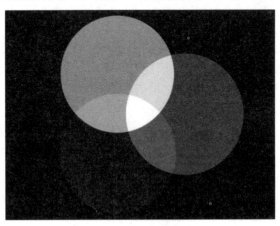

图 6-1　三色光混合练习

（1）新建文件。

【操作步骤】

打开 Photoshop 程序，选择"文件"→"新建"选项，弹出如图 6-2 所示的"新建"对话框。在该对话框中，将"名称"设置为"RGB 混合"，"预设"中选择 Web，大小选择"640

×480"（也可根据实际大小需要进行修改），分辨率采用 72 像素/英寸。

（2）创建选区及图层。

【操作步骤】

从工具箱中选择"选框类型工具"，当按下鼠标左键并停留片刻后会显示相应的菜单项，如图 6-3 所示，选择"椭圆选框工具"，并确保椭圆选框工具选项栏中已选择"新选区"。羽化、消除锯齿、样式的设置如图 6-4 所示。

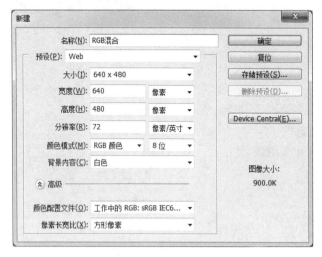

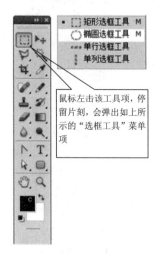

图 6-2 "新建"对话框   图 6-3 菜单项

图 6-4 设置羽化、消除锯齿、样式

在图像窗口中，先按下鼠标左键，再按住【Shift】键，拖动鼠标作"正圆"选区。如果选区位置需要调整，则在鼠标左键未松开的前提下，按空格键不放，拖动鼠标来调整位置；位置确定时，可先松开空格键，此时位置固定，但仍可调整选区大小。当选区大小与位置均适合时，先松开鼠标左键，再松开【Shift】键。

说明：在这一步骤的操作过程中，要记住"鼠标先做原则"，即操作开始时鼠标先单击；操作结束时鼠标先松开。

单击"图层"面板右下角的"创建新图层"按钮，如图 6-5 所示，创建名称为"图层 1"的透明图层，如图 6-6 所示；双击图层名称，或者单击"菜单弹出"按钮，选择"图层属性"菜单项，可以对图层名称进行修改。将图层名称改为"红"，并选中图 6-7 所示的图层"红"。

（3）选择并填充颜色。

【操作步骤】

单击图 6-3 所示工具箱中的"设置前景色"/"设置背景色"按钮（见图 6-8）。

图 6-5　创建新图层

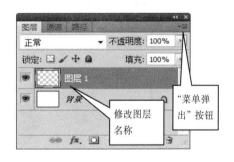

图 6-6　修改图层名称

图 6-7　命名图层

图 6-8　"设置前景色" / "设置背景色" 按钮

在弹出的"拾色器"对话框中，设置 RGB 颜色值分别为"255,0,0"（即红色），单击"确定"按钮，如图 6-9 所示。如果设置的是前景色，可用快捷键【Alt+Delete/Backspace】填充选区；如果设置的是背景色，可用快捷键【Ctrl+Delete/Backspace】填充选区。

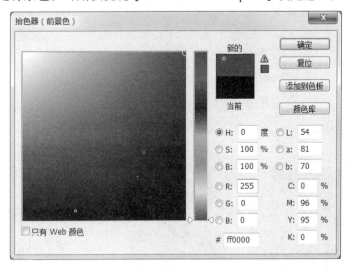

图 6-9　设置红色

红色填充后的"图像窗口"及"图层"面板效果如图 6-10 所示。

可从"图层"菜单下的"取消选区"选项（快捷键【Ctrl+D】）来取消圆形选区，并根据上述步骤："创建选区"→"创建图层"→"选择颜色并填充"，创建绿和蓝两个图层。"图像窗口"及"图层"面板效果如图 6-11 所示。

图 6-10　填充红色后的效果

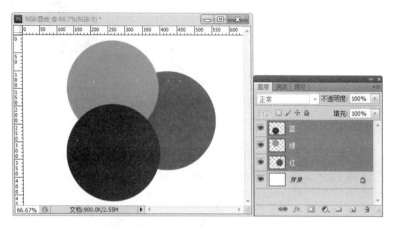

图 6-11　创建绿和蓝图层后的效果

（4）修改图层混合模式。

【操作步骤】

用黑色填充"背景"层，并将"红""绿""蓝"3 个图层的混合模式改为"滤色"，最终效果如图 6-12 所示。

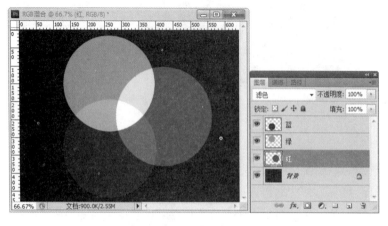

图 6-12　最终效果

通过光色加色法，可了解到 RGB 的原理，以及表示"红、绿、蓝、黄、黑、白"的不同颜色值。

（5）存储为 JPG 格式。

【操作步骤】

执行"文件"→"存储为"菜单命令，将图像以 JPG 格式保存在"D:\"下，命名为"fl1.JPG"。关闭图像。提交文件。

2. 操作题 2

使用基本工具——渐变工具，把花修改为"雾里看花"的效果。

【操作步骤】

（1）启动 Photoshop CS5 程序，选择"文件"→"打开"，打开素材图像"实验 6 素材\fl2_flower.jpg"。

（2）在工具箱上将前景色设置为白色，选择渐变工具，在选项栏上设置填充色渐变类型等参数，如图 6-13 所示。

图 6-13　设置渐变参数

（3）在图像窗口中的 A 点按下鼠标左键不放，拖动到 B 点后松开。如图 6-14 所示，创建径向渐变。结果产生如图 6-15 结果显示的效果。

图 6-14　A 点

图 6-15　"雾里看花"效果

（4）执行"文件"→"存储为"菜单命令，将图像以 JPG 格式保存在"D:\"下，命名为"fl2_flower（渐变）.JPG"。关闭图像。提交文件。

3. 操作题 3

使用基本工具——修补工具，把本身有瑕疵的水果修补为优品水果的效果。

【操作步骤】

（1）启动 Photoshop CS5，选择"文件"→"打开"，打开素材图像"实验 6 素材\水果.JPG"。

（2）在工具箱上选择修补工具，在选项栏上选择"源"选项。通过在图像上拖移光标选择要修复的区域（当然也可以使用其他工具创建选区，使用缩放工具放大图像后在操作可使选区创建得更准确），如图 6-16 所示。

（3）光标定位于选区内，按下鼠标左键将选区拖移到要取样的区域，如图 6-17 所示。松开鼠标按键，结果选区内图像得到修补。取消选区，如图 6-18 所示。

图 6-16　选择修补区域　　　　图 6-17　选择取样区域　　　　图 6-18　修补后

（4）执行"文件"→"存储为"命令，将图像以 JPG 格式保存在"D:\"下，命名为"水果（修改）.JPG"，关闭图像。提交文件。

4. 操作题 4

将夜景照片添加上月牙效果。

【操作步骤】

（1）启动 Photoshop CS5，选择"文件"→"打开"，打开素材图像"实验 6 素材\fl4_night.jpg"。

（2）选择椭圆选框工具（选项栏采用默认设置，特别是"羽化"值为 0），按【Shift】键拖移鼠标创建如图 6-19 所示的圆形选区。（注：按住【Shift】键可以绘制一个正圆。）

图 6-19　选择图形区域

（3）在"图层"面板下方单击"创建新图层"按钮，在"背景"层上方添加一个新图层"图层 1"，如图 6-20 所示。

（4）将前景色设置为白色。使用"油漆桶工具"在选区内单击填色，如图 6-21 所示。（注："油漆桶工具"和"渐变工具"在同一组。）

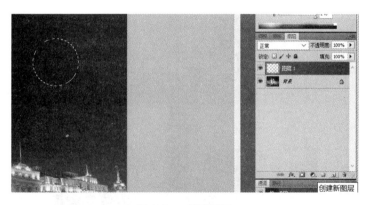

图 6-20　新建图层

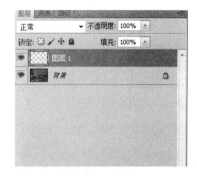

图 6-21　填色设置

（5）执行"选择"→"修改"→"羽化"命令，将选区羽化 4 个像素左右。

（6）执行"选择"→"修改"→"扩展"命令，将选区扩展 4 个像素左右。

（7）按键盘方向键将选区向右，向上、向右移动到如图 6-22 所示的位置（仅移动选区时，切记不要单击移动工具）。

图 6-22　移动位置

（8）按【Delete】键删除图层 1 中选区内的像素。执行"选择"→"取消选择"命令。

（9）单击移动工具，拖移"小月亮"，调整其位置。最终效果如图 6-23 所示。

图 6-23　小月亮

（10）执行"文件"→"存储为"命令，将图像以 JPG 格式保存在"D:\"下，命名为"fl4_moon.jpg"。关闭图像。提交文件。

5．操作题 5

已有"天鹅 01.psd"和"天鹅 02.psd"和"山清水秀.jpg"3 个图片素材，在 Photoshop 中制作出"天鹅湖.jpg"，如图 6-24 所示。要求：将天鹅合成到桂林山水的湖面上，并在水中形成倒影。

（a）山清水秀.jpg

（b）天鹅 01.psd

（c）天鹅 02.psd

（d）天鹅湖.jpg

图 6-24　素材及最终效果

（1）启动 Photoshop 程序，打开文件"天鹅 01.psd"。在"图层"面板中，选择"天鹅"层，按住【Ctrl】键单击"天鹅"层的缩览图载入选区，按组合键【Ctrl+C】复制选区内的天鹅图像，如图 6-25 所示。

图 6-25　复制天鹅

（2）打开文件"山清水秀.jpg"。按组合键【Ctrl+V】将"天鹅"粘贴过来，得到图层 1。选择 "编辑"→"自由变换"命令适当缩小"天鹅"，调整大小后，单击菜单下方工具栏中的"√"符号确认修改，如图 6-26 所示。执行"图像"→"调整"→"色阶"命令适当增加"天鹅"的亮度。选择"编辑"→"变换"→"水平翻转"命令，将天鹅水平翻转。

图 6-26　粘贴天鹅

（3）在图层面板中，右击图层 1 文字所在位置，在弹出的快捷菜单中选择"复制图层"，在弹出窗口中单击"确定"得到图层 1 副本。执行"编辑"→"变换"→"垂直翻转"命令。单击移动工具，向下移动垂直翻转后的"天鹅"。单击"滤镜"→"模糊"→"高斯模糊"对图层 1 副本添加高斯模糊滤镜，在弹出窗口中设置半径为 2.0 像素，如图 6-27 所示。在图层面板中，设置不透明度为"80%"或其他值，适当降低图层不透明度，如图 6-28 所示。这样得到图中右侧天鹅及倒影效果。

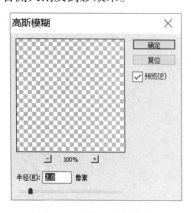

图 6-27　设置高斯模糊

图 6-28　设置图层不透明度

（4）对素材文件"天鹅 02.psd"进行类似处理，得到图中左侧天鹅及倒影效果。

（5）在图中水面漩涡（天鹅右侧上方）处创建矩形选区，并适当羽化选区。

（6）选择背景层。执行"滤镜"→"扭曲"→"水波"命令，在弹出的对话框中单击"确定"按钮，在背景层选区内添加水波滤镜。

（7）执行"文件"→"存储为"命令，将图像以 JPG 格式保存在"D:\"下，命名为"天鹅湖.jpg"。关闭图像。提交文件。

四、实验内容

（1）利用素材图像"荷花素材 01.jpg""荷花素材 02.jpg""花瓶.jpg"制作如图 6-29 所示的效果。

（a）荷花素材 01.jpg

（b）荷花素材 02.jpg

图 6-29　素材及效果

（c）花瓶.jpg　　　　　　　（d）最终效果

图 6-29　素材及效果（续）

（2）使用 Photoshop 的蒙版操作，对图 6-30 和图 6-31 所示的素材进行合成，合成后的效果如图 6-32 所示。

图 6-30　素材 1　　　　　　图 6-31　素材 2　　　　　　图 6-32　效果图

实验 7　Photoshop的操作进阶

一、实验目的

（1）熟练掌握图层样式的基本用法。
（2）熟练掌握图层蒙版的基本用法。
（3）熟练掌握滤镜的基本用法。
（4）了解图层混合模式的应用。

二、实验环境

（1）中文 Windows 7 操作系统。
（2）Adobe Photoshop CS5 中文版。

三、实验范例

1. 操作题1

图层基本操作——制作邮票。

【操作步骤】

（1）打开 Photoshop CS5，选择"文件"→"打开"，打开素材图像"实验 7 素材\周庄.jpg"。显示图层面板，通过双击背景层缩览图将背景层转化为一般层"图层 0"，如图 7-1 所示。

图 7-1　图层 0

（2）执行菜单命令"编辑"→"自由变换"，按住【Shift+Alt】键不松开同时向内拖移变换控制框 4 个角上的任意一个控制块，将图像成比例缩小到如图 7-2 所示的位置和大小。按【Enter】键确认。

图 7-2　图像缩小

（3）按住【Ctrl】键，在图层面板上单击图层 0 的缩览图，如图 7-3 所示，载入图层像素的选区。

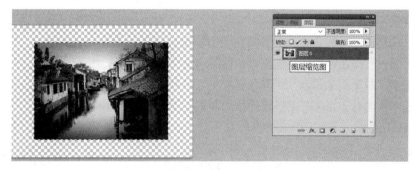

图 7-3　载入图层像素选区

执行"选择"→"变换选区"命令，按住【Alt】键同时向外拖移变换控制框水平边和竖直边中间的控制块，将选区对称放大到如图 7-4 所示的大小。按【Enter】键确认。

图 7-4　变换选区

在"图层"面板上单击"新建图层"按钮新建图层 1，并把图层 1 拖移到图层 0 的下面，如图 7-5 所示。单击工具箱里的"油漆桶"工具，前景色设为白色，在图层 1 的选区内单击，填充为白色，如图 7-6 所示。

图 7-5　移动图层

图 7-6　填充白色

按组合键【Ctrl+D】取消选区。在"图层"面板上单击"新建图层"按钮新建图层 2，并把图层 2 拖移到图层 1 的下面。单击工具箱里的"油漆桶工具"，前景色设为黑色，在图层 2 内单击，填充为黑色。执行"图层"→"新建"→"图层背景"命令，将黑色图层转化为背景层，如图 7-7 所示。

（4）在工具箱内选择橡皮擦工具。单击上方橡皮擦选项栏第 3 个"切换画笔面板"按钮，打开画笔面板，如图 7-8 所示。在画笔面板左窗格选中"画笔笔尖形状"（其他选项如"形状动态""散布"等都尽量取消选择），在右窗格选择普通画笔（设置画笔大小 7px，硬度 100%，间距 132%，其他参数默认）。

图 7-7　设置"背景"层

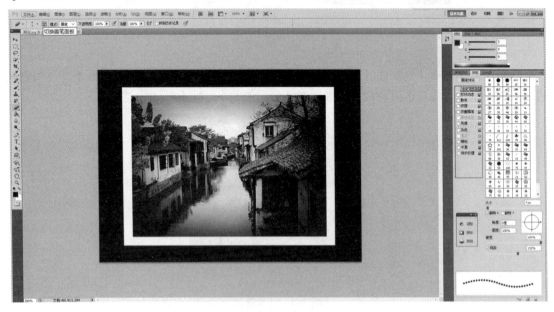

图 7-8　打开画笔画板

（5）选择图层 1。将光标定位在顶部白色边界的左端（圆形光标一半在边界内，一半在边界外）。按下鼠标左键，按住【Shift】键，水平向右拖移光标，将邮票的一个边界擦成锯齿形，如图 7-9 所示。采用类似的方法擦除另外 3 个边界。

图 7-9　设置锯齿形

（6）在工具箱内选择"文本"工具，在邮票上创建文本"8 分"和"中国人民邮政"，如图 7-10 所示。（注意，文字层一定要放置在所有层的上面，以免被遮盖，可以在"图层"面板中单击文字图层不松开左键拖移到上方，如图 7-11 所示）。

图 7-10　创建文本

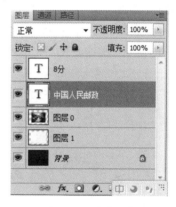

图 7-11　移动图层

（7）将最终图像以 JPG 格式保存在"D:\"下，命名为"邮票.jpg"，关闭图像。提交文件。

2. 操作题 2

图层基本操作、图层样式、选区描边—书法效果。

【操作步骤】

（1）打开 Photoshop CS5 程序，选择"文件"→"打开"，打开素材图像"实验 7 素材\书法 1（枫桥夜泊）.jpg"。将背景色设置为白色。使用橡皮擦工具擦除图像左边界处的一条黑色竖线。

（2）选择魔棒工具（魔棒工具和快速选择工具为一组，单击快速选择工具不松开，可在弹出的两个工具中进行选择，如图 7-12 所示）。

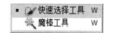

图 7-12　选择"魔棒工具"

在上方选项栏上取消选中"连续",其他参数保持默认值(特别是"容差"为32)。在图像的白色背景上单击建立选区,如图7-13所示。

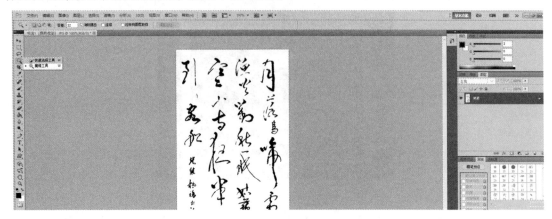

图7-13　单击建立选区

(3)执行"选择"→"反向"命令将选区反转。依次按组合键【Ctrl+C】和【Ctrl+V】将选区内的"文字"复制到图层1。

(4)单击"图层"面板底部的"添加图层样式"按钮,从弹出的菜单中选择"外发光"样式,如图7-14所示。

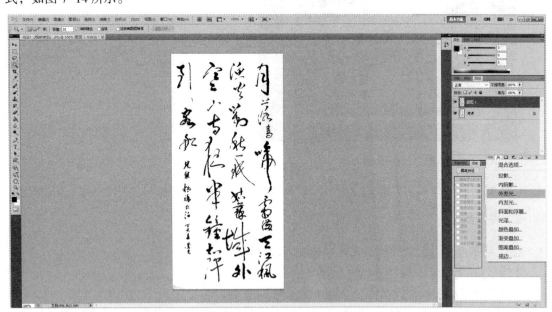

图7-14　选择"外发光"样式

(5)单击"图层"面板下方的"创建新图层"按钮,新建图层2。单击工具箱内的"铅笔工具"(和"画笔工具"在一组),设置下方的前景色为红色(#ff0000),上方铅笔工具选项卡内设置画笔直径为1px,在图层2上绘图区域左侧上方单击鼠标不放,同时按下【Shift】键往下拖动鼠标到区域下方,在如图7-15所示的位置绘制红色竖直线。

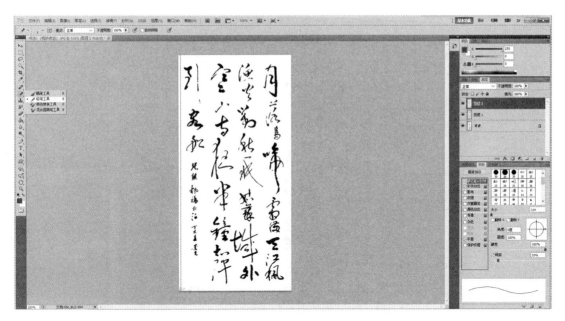

图 7-15　绘制红线

（6）在"图层"面板上，将图层 2 的缩览图拖移到"新建图层"按钮上，得到图层 2 副本。选择移动工具，按【→】方向键将图层 2 副本中的竖直线移动到如图 7-16 所示的位置上。

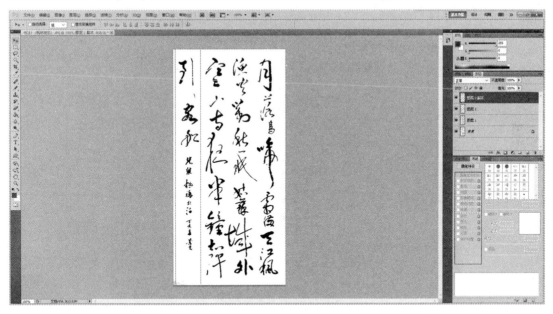

图 7-16　复制红线

（7）复制图层 2 副本，得到图层 2 副本 2。将图层 2 副本 2 中的竖直线水平向右移动相同的距离。继续复制图层 2 副本 2，得到图层 2 副本 3，水平向右移动相同的距离。后得到如图 7-17 所示的效果。按组合键【Ctrl+E】共 4 次，将副本层向下合并到图层 2。

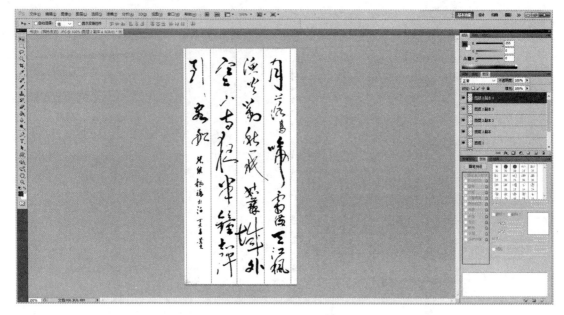

图 7-17　复制多条红线

（8）执行"图像"→"画布大小"命令，在弹出的对话框中设置：宽度为 14 像素，高度为 14 像素，选中"相对"复选框，画布扩展颜色为白色，如图 7-18 所示，单击"确定"按钮。此时画布向外扩展 14 个像素。

图 7-18　设置画布大小

（9）使用矩形选框工具创建如图 7-19 所示的选区（羽化值为 0）。通过执行"编辑"→"描边"命令对选区进行 4 个像素的红色描边，如图 7-20 所示。按组合键【Ctrl+D】取消选区，如图 7-21 所示。

（10）将最终图像以 JPG 格式保存在"D:\"下，命名为"书法效果.jpg"，关闭图像。提交文件。

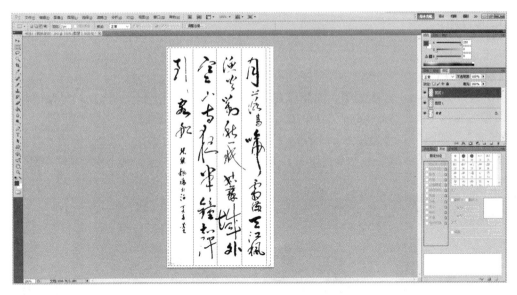

图 7-19　创建新选区

图 7-20　设置描边

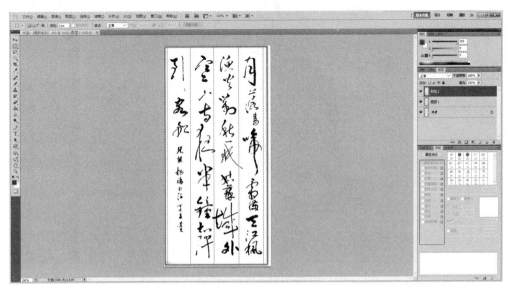

图 7-21　取消选区后效果

3. 操作题3

标准证件照片的制作。

【操作步骤】

（1）打开 Photoshop CS5 程序，选择"文件"→"打开"，打开素材图像"实验7素材\Angela.jpg"。单击工具栏上的剪切工具图标"裁剪工具"，如图7-22所示，在图上画一个矩形，如图7-23所示。双击鼠标，将选中的区域切割下来，如图7-24所示。

图 7-22 选择"裁剪工具"

图 7-23 画矩形

图 7-24 切割区域

（2）双击"图层"面板中的"背景"图层，在打开的对话框上单击"确定"按钮，解锁原图层，得到"图层 0"。

（3）选择工具栏上的魔棒工具（魔棒工具和快速选择工具为一组，单击快速选择工具不松开，可在弹出的两个工具中进行选择，如图 7-25 所示）。

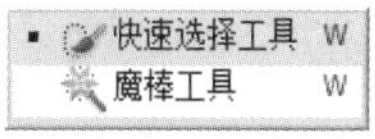

在背景区单击鼠标左键，按【Delete】键删除背景，在没有删除背景的地方重复以上操作，直到所有背景全部删除，如图 7-26 所示。按【Ctrl+D】组合键取消选取。

图 7-25　选择工具

图 7-26　删除背景

选择菜单命令"编辑"→"变换"→"缩放"，将图片的高和宽缩小至"60%"，如图 7-27 所示。按【Enter】键确认修改。

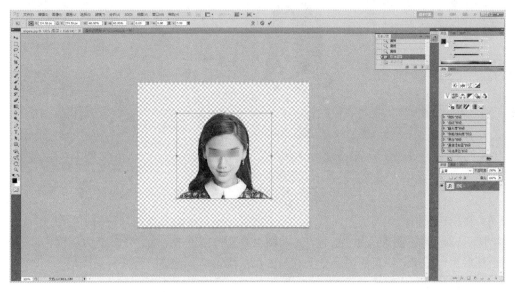

图 7-27　缩小图片

（4）选择"文件"→"新建"菜单命令，新建一个文件，在打开的"新建"对话框上，填上名称为"身份证照片"，宽度为 22 毫米，高度为 32 毫米，分辨率为 300 像素/英寸，如图 7-28 所示，单击"确定"按钮。

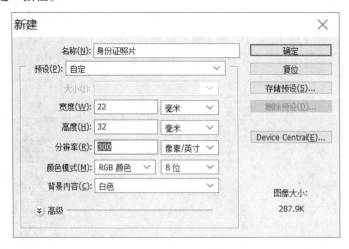

图 7-28 新建文件

（5）单击工具栏的"移动"工具，把刚才去掉背景的照片拖动到新建的工作区中，并调整图片的位置和大小到合适的位置，如图 7-29 所示。

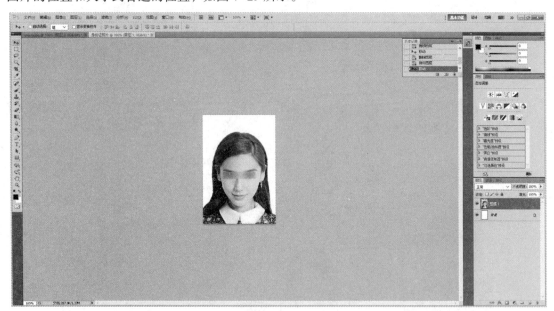

图 7-29 将图片移至新工作区中

（6）在新建文档的"图层"面板中，双击背景图层，解锁背景层，得到"图层 0"。单击"油漆桶工具"，设置前景色为"蓝色"，在图层 0 文档区单击，将背景填充为蓝色，如图 7-30 所示。然后在"图层"面板的图层 0 上右击弹出快捷菜单，选择"合并可见图层"，此时一张一寸的标准照片就制作完成了。

图 7-30　一寸照片效果

（7）选择"图像"→"画布大小"菜单命令，在"画布大小"对话框中，设置宽度为 96 毫米，高度为 70 毫米，取消选中"相对"复选框，定位于左上角，单击"确定"按钮，如图 7-31 所示。

图 7-31　设置画布大小

在图层上右击弹出快捷菜单，选择"复制图层"，单击"确定"按钮，选中刚刚复制的图层，移动复制的照片到合适的位置；重复上述步骤，使工作区中出现 8 个照片，如图 7-32 所示。

（8）在任意图层上右击弹出快捷菜单，选择"合并可见图层"。选择"文件"→"存储为"命令，保存图片。提交文件。

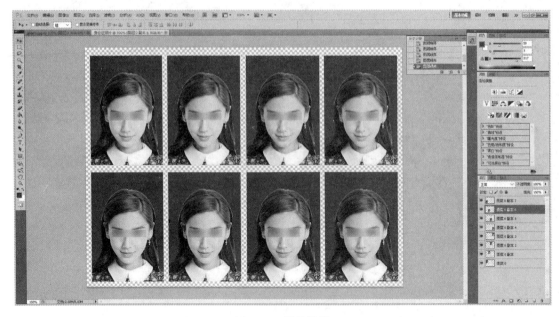

图 7-32 最终效果

四、实验内容

（1）使用 Photoshop 设计制作如图 7-33 所示的文字效果，提交文件。

图 7-33 文字效果

（2）利用自己一张普通的生活照片（正面照），通过对照片进行色彩调整、剪切、去背景、填充新的背景色、图像移动、复制等功能制作出一张图片上 8 个标准照照片。提交文件。

实验 8 Flash的基本操作

一、实验目的

（1）掌握逐帧动画的制作方法。

（2）掌握形状渐变动画的制作方法。

（3）掌握传统补间动画制作方法。

（4）了解影片剪辑制作方法。

二、实验环境

（1）中文 Windows 7 操作系统。

（2）中文 Adobe Flash CS5 应用软件。

三、实验范例

1. 操作题1

利用 Flash 绘图工具绘制树叶。

【操作步骤】

（1）新建图形元件。

启动 Flash 程序，单击"文件"→"新建"，在弹出对话框中选择"常规"选项卡里的项目"Flash 项目"，如图 8-1 所示。单击"确定"按钮，建立一个 Flash 文档。

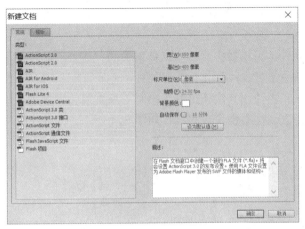

图 8-1　新建 Flash 文档

执行"插入"→"新建元件"命令（或者按快捷键【Ctrl+F8】），弹出"创建新元件"对话框，在"名称"文本框中输入元件名称"树叶"，"类型"选择"图形"，单击"确定"按钮，如图 8-2 所示。

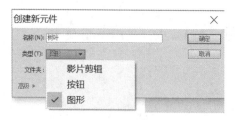

图 8-2 创建新元件

这时工作区变为"树叶"元件的编辑状态，如图 8-3 所示，窗口布局可以依个人喜好拖动重新布置（如窗口上方的时间轴，左侧的工具栏等，都可以拖移位置）。

图 8-3 "树叶"元件的编辑状态

（2）绘制树叶图形。

在"树叶"图形元件编辑场景中，单击工具箱中的"线条工具"，将"笔触颜色"设置为深绿色，在舞台中央画一条直线；单击工具箱中的"选择工具"，单击直线的中间位置不松开，往左拉动将它拉成曲线；再使用"线条工具"绘制一条直线，用这条直线连接曲线的两端点，用"选择工具"将这条直线往右也拉成曲线，如图 8-4 所示，绘制出树叶的轮廓。

图 8-4 绘制树叶轮廓

接下来绘制叶脉图案。单击工具箱中的"线条工具"，在树叶轮廓的两端点间绘制直线，然后拉成曲线。再进一步绘制主叶脉旁边的细小叶脉，可以全用直线，也可以略加弯曲，这样，一片简单的树叶就画好了，如图 8-5 所示。

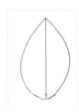

图 8-5　绘制叶脉图案

（3）编辑和修改树叶。

如果在画树叶的时候出现一些失误（例如，画出的叶脉不是所希望的样子），可以执行"编辑"→"撤销"命令多次撤销前面的操作，也可以选择在画好的图案上进行编辑和修改。使用"选择工具"单击想要编辑的直线，直线变成网点状，说明它已经被选取，可以对它进行各种编辑修改操作。还可以用鼠标箭头拉出内容选取框，选择多个图案（如多条叶脉），进行统一的编辑操作。

（4）给树叶上色。

在工具箱中单击"颜料桶工具"，单击"填充颜色"，会出现调色板，同时光标变成吸管状，如图 8-6 所示，选择绿色。

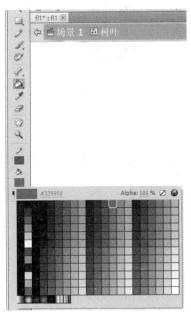

图 8-6　调色板

在画好的叶子上单击一下，就会在鼠标当前位置所在的封闭空间内填色。依次单击树叶上的各个封闭空间，将整个树叶填充为绿色，如图 8-7 所示。至此，一个树叶图形就绘制好了。

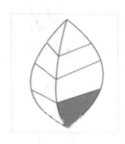

图 8-7 完成树叶绘制

执行"窗口"→"库"命令，打开"库"面板，发现"库"面板中出现一个"树叶"图形元件，如图 8-8 所示。

（5）绘制多个树叶和树枝。

单击舞台的"场景 1"，回到舞台。单击"插入"→"新建元件"，新建一个名字为"三片树叶"的图形元件。将"库"面板中的"树叶"图形元件拖动到舞台中央。现在要把这孤零零的一片树叶组合成树枝。

（6）复制和变形树叶。

选择"选择工具"单击舞台上的树叶图形，执行"编辑"→"复制"命令，再执行"编辑"→"粘贴"命令，这样就复制得到一个同样的树叶。

在工具箱中选择"任意变形工具"，工具箱的下边就会出现相应的"选项"，如图 8-9 所示。选择"任意变形工具"后，单击舞台上的树叶，这时树叶被一个方框包围着，中间有一个小圆圈，这就是变形点，对树叶进行缩放旋转时，就以它为中心，如图 8-10 所示。

变形点是可以移动的。在变形点上按住鼠标左键进行拖动，将变形点拖到叶柄处，使树叶能够绕叶柄旋转。再把鼠标指针移到方框的右上角，鼠标变成状圆弧状 ⟳，表示这时就可以进行旋转了。向下拖动鼠标，叶子绕控制点旋转，到合适位置松开鼠标，效果如图 8-11 所示。

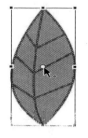

图 8-8 树叶元件   图 8-9 任意变形工具   图 8-10 选中后的树叶   图 8-11 调整后

将复制好的树叶移动至其他位置，再单击"任意变形工具"进行旋转变形，可以通过拖动缩放手柄改变树叶的大小，如图 8-12 所示。

（7）创建"三片树叶"图形元件。

重复步骤（6），再复制一张树叶，使用"任意变形工具"将 3 片树叶调整成如图 8-13 所示形状。

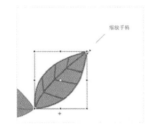

图 8-12　复制第 2 个树叶　　　　　　　　图 8-13　3 片树叶

3 片树叶图形创建好以后，将它们全部选中，然后执行"修改"→"转换为元件"命令，将它们转换为元件。

（8）绘制树枝。

单击时间轴左上角的"场景 1"按钮，返回到主场景"场景 1"。

单击工具箱中的"刷子工具"，设置填充颜色为褐色，选择"画笔形状"为圆形，大小自定，选择"后面绘画"模式，移动鼠标指针到场景 1 中，绘制出树枝形状，如图 8-14 所示。

（9）组合树叶和树枝。

执行"窗口"→"库"命令（或者使用快捷键【Ctrl+L】），打开"库"面板，可以看到，"库"面板中出现两个图形元件，这两个图形元件就是前面绘制的"树叶"图形元件和"三片树叶"图形元件，如图 8-15 所示。

单击"三片树叶"和"树叶"图形元件，将其拖放到场景的树枝图形上，用"任意变形工具"进行调整。元件"库"里的元件可以重复使用。自由选择多个元件，进行大小形状的调整，以表现出纷繁复杂的效果来，完成效果如图 8-16 所示。提交文件。

图 8-14　绘制树枝　　　　图 8-15　两个元件　　　　图 8-16　完成效果

2. 操作题 2

利用 Flash 绘图工具绘制文字形变动画，画面大小为 400×200 像素，浅黄色背景，将红色的"勤奋求是"文字静止 1 秒后变化为蓝色的"创新奉献"，中间变化时间为 1 秒，文字均为华文行楷，60 点。

【操作步骤】

（1）启动 Flash，单击"文件"→"新建"，在弹出对话框中选择"常规"里的第一个项目"Flash 项目"，单击"确定"按钮，建立一个 Flash 文档。执行"修改"→"文档"菜单命令将文档大小设置为 400×200 像素，背景色为浅黄色（#FFFF99），如图 8-17 所示，将舞台大小设置为"显示帧"。

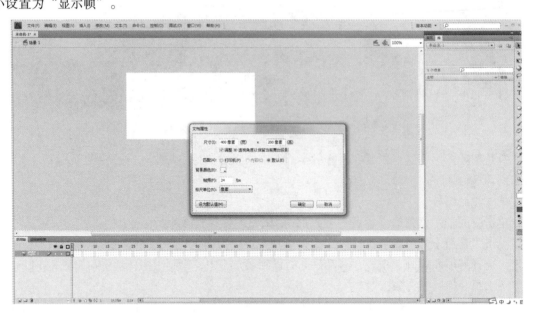

图 8-17　设置文档属性

（2）单击工具箱中的"文本工具（T）"，在舞台中央输入文字"勤奋求是"，并在属性面板上选择华文行楷、60 点、红色，如图 8-18 所示。

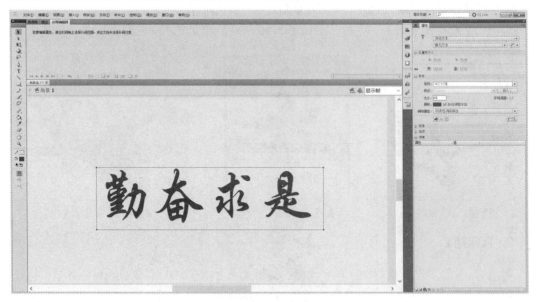

图 8-18　输入文字

（3）单击工具箱的"选择工具"后单击文字，使文字处于被选中状态（文字的四周有条蓝色的边框）。单击"窗口"→"对齐"菜单命令，显示"对齐"的浮动面板，在弹出的窗口中，选中"与舞台对齐"，单击"对齐"面板上的两个按钮（"水平中齐"和"垂直中齐"），如图 8-19 所示。使文字处于舞台的中央。

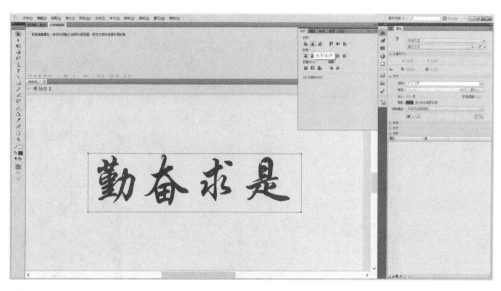

图 8-19　设置对齐方式

（4）由于形状补间动画的对象必须是矢量图形，而文字为非矢量图形，必须转换为矢量图形。执行"修改"→"分离"菜单命令 2 次（或者按组合键【Ctrl+B】），此时的文字已被转化为矢量图形，其特征是对象上布满细小白点。（提示：文字要进行形状补间动画，必须先要将文字打散（分离）。第一次分离是把四个文字分成四个独立的个体，第二次分离是把每个文字分离）。右击时间轴的第 24 帧，执行"插入关键帧"命令（或者按【F6】键），让文字保持 1 秒。

（5）单击时间轴的第 48 帧处，按【F7】键，插入空白关键帧（原有的文字消失了），输入"创新奉献"，将颜色修改为蓝色。单击"对齐"面板上的 3 个按钮，如图 8-20 所示，使文字在舞台上居中。

分离新的文字。用"选择"工具单击文字执行"修改"→"分离"菜单命令 2 次（或者按组合键【Ctrl+B】），使文字分离（文字对象呈细小白点）。

图 8-20　设置文字居中

（6）在第 25 帧到第 48 帧设置补间。右击第 25 帧到第 48 帧中的任意一帧，执行"创建补间形状"命令，如图 8–21 所示，可以看到时间轴上从第 25 帧到第 48 帧上出现浅绿色背景的箭头，完成了形状补间动画。

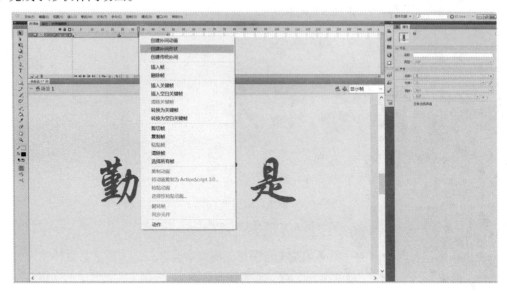

图 8–21　创建补间动画

（7）右击时间轴的第 72 帧，执行"插入关键帧"命令（或者按【F6】键），让文字保持 1 秒。

（8）执行"文件/另存为"命令将动画文件保存为 fl2.fla，选择"文件"→"导出"→"导出影片"将动画导出为 fl2.swf，执行"控制"→"测试影片"命令,观察动画放映效果。提交文件。

3. 操作题 3

制作逐帧动画：奔跑的骏马。辽阔的草原上，有一匹矫健的骏马在奔跑。
【操作步骤】

（1）创建影片文档。

单击"文件"→"新建"，在弹出的对话框中选择"常规"里的第一个项目"Flash 项目"，单击"确定"按钮，建立一个 Flash 文档。

（2）创建背景图层。

在时间轴上选择第 1 帧，执行"文件"→"导入到场景"命令，导入"草原.jpg"图片到场景中，单击"修改"→"变形"→"缩放"，将图片调整至舞台大小。在时间轴第 40 帧处右击弹出快捷菜单，选择"插入帧"（或者按快捷键【F5】），加过渡帧使帧内容延续。

（3）新建元件"奔跑的骏马"。

单击"插入"→"新建元件"，在弹出的对话框中输入名称"奔跑的骏马"，类型选择"影片剪辑"，如图 8–22 所示，单击"确定"按钮。

执行"文件"→"导入"→"导入到库"命令，导入"奔跑的骏马"系列图像文件（horse1.bmp……horse9.bmp），共 9 个，如图 8–23 所示。

单击第一帧，将舞台大小调整为"显示帧"，将库里的"horse1.bmp"文件拖动到舞台的左上角，如图 8–24 所示。

图 8-22　创建新元件

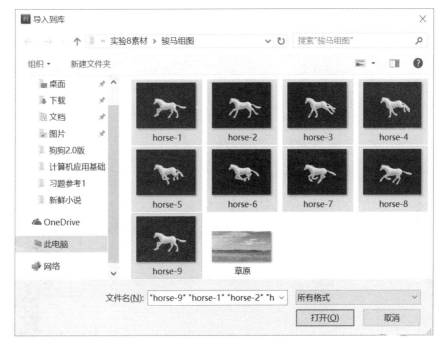

图 8-23　导入图像文件

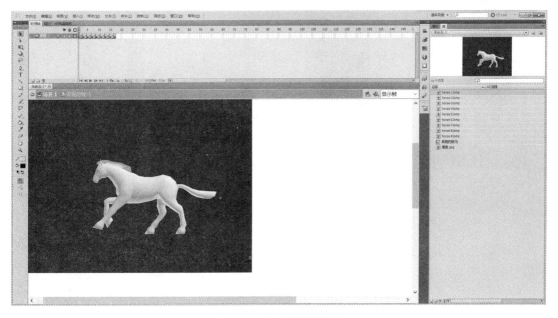

图 8-24　拖动图像到舞台

提示：如果 Flash 窗口中没有"库"浮动面板，则执行"窗口/库"菜单命令，来显示"库"的浮动面板。

调整舞台大小与图片相匹配。执行"修改"→"文档"命令，弹出如图 8-25 所示的"文档属性"对话框，在"匹配"中选择"内容"，单击"确定"按钮，使舞台大小与舞台上的内容相匹配。

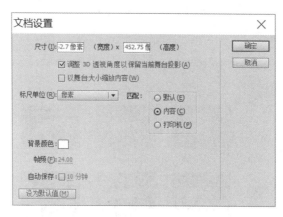

图 8-25 "文档设置"对话框

在时间轴第 3 帧的位置上右击，在弹出的快捷菜单中选择"插入空白关键帧"命令，如图 8-26 所示（或直接按【F7】键），再将第 2 幅图片"horse2.bmp"拖到舞台上。

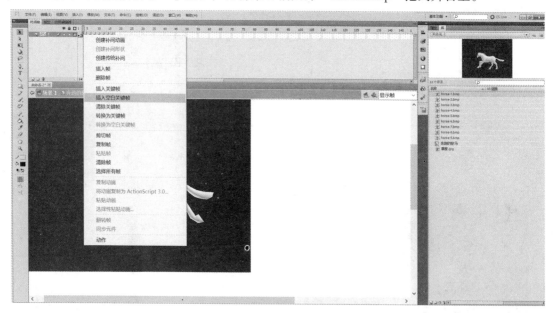

图 8-26 插入空白关键帧

用类似的方法分别插入第 5 至第 17 空白关键帧，并将库中的第 3 到第 9 幅图片拖到相对应的舞台上。

单击第一帧，单击工具栏中的"选择工具"，选定 horse1，执行"修改"→"分离"命令；单击工具栏中的"套索工具"，选择下方的"魔术棒"，如图 8-27 所示，在骏马的任意黑色背景位置单击左键，选中所有的黑色背景，按【Delete】键，删除黑色背景（若还有其他小面积的黑色背景，重复使用"魔术棒"单击，按【Delete】键删除）；若还有残余黑色线条，如图 8-28 所示，可以使用"橡皮擦工具"擦除。

对其他帧的图片文件，采用同样的操作，删除黑色背景。

图 8-27　选择"魔术棒"

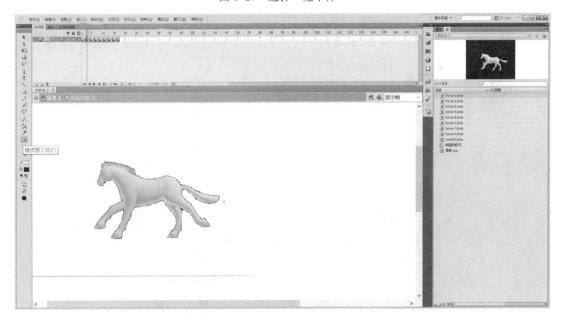

图 8-28　删除黑色背景

调试动画。单击第一帧，按【Enter】键，即可看到骏马奔跑的动图。（提示：测试中如果觉得动画频率过快或过慢，则可以在时间轴的下方重新设置"帧速率"的数字来改变帧频率。）

（4）制作草原上"奔跑的骏马"。

回到"场景1"，在时间轴上单击"新建图层"按钮，新建图层"图层2"，在图层2中选择第1帧，打开"库"选项卡，将元件"奔跑的骏马"拖动到草原的右侧，使用"修改"→"变形"→"缩放"命令，调整图片到合适大小，如图8-29所示。在图层2时间轴第40帧处右击弹出快捷菜单，选择"插入关键帧"，单击"选择工具"，将第40帧的骏马拖移到草原的左侧，并适当调整大小，如图8-30所示（为防止拖动了图层1的草原图片，可单击时间轴上图层1右边的"锁定图标"）。

图8-29　插入元件后调整

图8-30　创建第40帧

在图层 2 中选择第 1 帧，右击弹出快捷菜单，选择"创建传统补间"，实现骏马从草原右侧奔跑到左侧的动画。按【Ctrl+Enter】组合键，可以测试影片效果。

执行"文件"→"另存为"命令，将制作好的动画保存为"fl2.fla"文件。执行"文件"→"导出"→"导出影片"命令，在出现的"导出影片"对话框中输入导出的动画文件名为"fl2.swf"，完成影片导出。测试影片，观察动画放映效果。提交文件。

四、实验内容

（1）利用"实验素材 8\实验 1\小猪"文件夹中的素材图片制作一个小猪摇头的 GIF 动画，导出为"小猪.gif"。提交文件。

（2）制作一个形状补间变形动画。将学生本人的姓名 20 帧后变化为本人的学号并静止 20 帧的动画，文字均为华文行楷、96 号、蓝色，保存文件为"sy2.fla"，导出为"sy2.swf"。提交文件。

（3）制作一个大小为 50 × 50 的红色五角星，透明度为 10%，2 秒内从舞台的左上角加速并逆时针旋转 2 圈到右下角，放大一倍，不透明；然后又在 1 秒内从右下角移动到左下角，从红色变为蓝色。保存文件名为"sy3.fla"，导出为"sy3.swf"。提交文件。

实验 9　Flash的操作进阶

一、实验目的

（1）掌握遮罩动画的制作方法。

（2）熟悉运动引导动画的制作方法。

（3）了解骨骼动画的制作方法。

二、实验环境

（1）中文 Windows 7 操作系统。

（2）中文 Adobe Flash CS5 应用软件。

三、实验范例

1．操作题1

制作遮罩动画：闪闪的红星。

【操作步骤】

（1）新建 Flash 影片文档。

单击"文件"→"新建"，在弹出的"新建文档"对话框中选择"常规"里的第一个项目"ActionScript 3.0"，单击"确定"按钮。在窗口右侧设置文档属性为尺寸：宽 400 像素，高 400 像素；帧频：12.00；背景颜色：黑色。如图 9-1 所示，单击"确定"按钮，建立一个 Flash 文档。

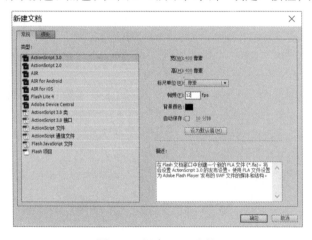

图 9-1　新建 Flash 文档

（2）创建"闪光线条组合"图形元件。

选择"插入"→"新建元件"，新建一个图形元件，名称为"闪光线条组合"。选择工具栏中的直线工具 ✏，单击"窗口"→"属性"，打开"属性"选项卡，参数设置其坐标为 X 轴 –200，Y 轴 20，宽 200，高 1，颜色黄色，笔触 1.5，样式实线。如图 9-2 所示，在元件编辑窗口中绘制一条直线。

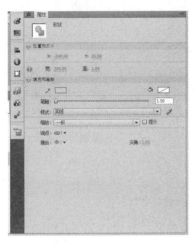

图 9-2　"属性"选项卡

选择工具栏中的"任意变形工具" ⊡，此时元件中间会出现一个小白点，称为"变形点"，如图 9-3（a）所示。鼠标左键拖动变形点至屏幕中心，与中心点重合，如图 9-3（b）所示。

（a）变形点移动前（在线条中间）　　　　　　（b）变形点移动至屏幕中心点

图 9-3　变形点移动

选择菜单栏中的"窗口"→"变形"命令，在弹出的"变形"面板中设置变形参数。设置宽度和高度变形为 100%，选中"100%"右侧的"约束"图标，旋转为"15.0 度"，如图 9-4 所示。

图 9-4　"变形"面板

鼠标多次单击面板右下角的"重置选区和变形" 按钮，最终在场景中复制出的效果如图 9-5 所示。

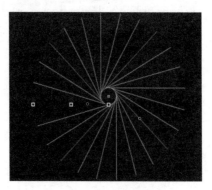

图 9-5　多次复制后的效果

在时间轴的关键帧上单击鼠标（或者用组合键【Ctrl+A】），选取全部图形，选择"修改"→"形状"→"将线条转换为填充"命令，将线条转化为形状，完成元件制作。

（3）创建"闪光"影片剪辑元件。

① 选择"插入"→"新建元件"，新建一个影片剪辑元件，名称为"闪光"。将"库"面板中刚才制作的"闪光线条组合"拖动至元件编辑窗口，与中心点重合，复制该元件。

② 在时间轴的第 30 帧右击弹出快捷菜单，选择"插入关键帧"。右击第 1 帧，在弹出的快捷菜单中选择"创建补间动画"命令，在参数设置中，设置旋转为"顺时针"，如图 9-6 所示。

图 9-6　设置参数

③ 新建 1 个图层为"图层 2"，在第 1 帧中，选择"编辑"→"粘贴到中心位置"，将第①步中复制的元件复制到图层 2 的第 1 帧中。同样在第 30 帧右击弹出快捷菜单，选择"插入关键帧"。右击第 1 帧，在弹出的快捷菜单中选择"创建传统补间动画"命令，设置参数与图 9-6 类似，只是改变"旋转"为"逆时针"。

④ 在图层面板中右击"图层 2"，在弹出的快捷菜单中选择"遮罩层"，设置该图层为遮罩层。此时的时间轴和图层面板如图 9-7 所示。

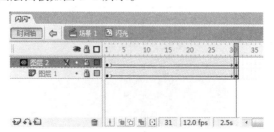

图 9-7　设置后的时间轴及图层面板

（4）创建"红星"图形元件。

① 选择"插入"→"新建元件"，新建一个图形元件，名称为"红星"。在元件编辑窗口，选择工具栏中的多角星形工具☆，单击"属性"选项卡，设置"笔触颜色"为"黄色"，颜色填充为"红色（渐变）"，单击其中的"工具设计"→"选项"，在弹出的窗口中设置样式为"星型"，边数为"5"，星型顶点大小为"0.50"，如图 9-8 所示。

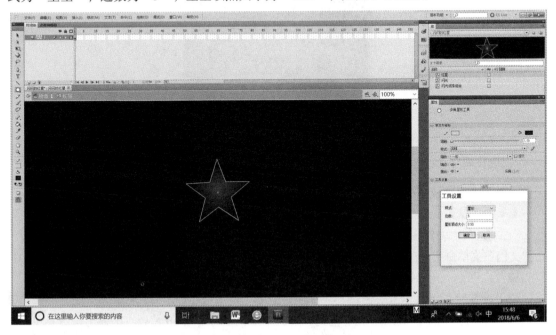

图 9-8　创建"红星"图形元件

拖动鼠标左键，在场景中绘制五角星，调整其位置在场景中心。

（5）创建遮罩动画。

① 回到主场景，创建新图层，命名为"闪光"。将"库"面板中的影片剪辑元件"闪光"拖入主场景中心位置。

② 再次创建一个新图层，命名为"红星"。将"库"面板中的图形元件"红星"拖入主场景的中心位置。此时的时间轴面板如图 9-9 所示。

图 9-9　"红星"图层

③ 选择"控制"→"测试影片"，查看影片播放效果，如图 9-10 所示。

（6）选择"文件"→"保存"，将文件保存为"闪闪的红星.fla"文件。选择"文件"→"导出"，将动画导出为"闪闪的红星.swf"文件。提交文件。

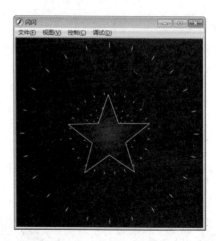

图 9-10 影片播放效果

2. 操作题 2

制作一个地球仪逆时针旋转的遮罩层动画。

【操作步骤】

（1）选择"文件"→"打开"命令，打开"实验 9 素材\fl2 素材.fla"文件，执行"修改"→"文档"菜单命令，在弹出窗口中设置文档大小为 550×250 像素，背景颜色为绿色#006633。设置舞台比例为"显示帧"。

（2）设置背景层。单击"窗口"→"库"命令（或者按【Ctrl+L】快捷键）打开"库"显示面板，将"库"中的"地球"元件拖到舞台的中央，在时间轴 60 帧处右击弹出快捷菜单，选择"插入帧"（或按【F5】快捷键）插入帧，使其延伸到第 60 帧。

（3）设置运动图层。在时间轴上单击"新建图层"按钮，新建图层"图层 2"，在图层 2 中选择第 1 帧，打开"库"选项卡，将元件"地图"拖动到舞台的左方，地图的位置是"地图"的右边框线与"地球仪"垂直中心线重合，如图 9-11 所示，在图层 2 的第 60 帧处右击弹出快捷菜单，选择"插入关键帧"（或按【F6】快捷键）插入关键帧；单击工具箱中的"选择工具"，单击地图，按住【Shift】键，水平移动"地图"到舞台的右边，其左边的框线与地球仪的垂直中心线重合。

图 9-11 "地图"右边框线与"地球仪"垂直中心线重合

在图层 2 的第一帧处右击弹出快捷菜单，选择"创建传统补间"，实现地图从舞台左侧奔跑到右侧的动画。按【Ctrl+Enter】组合键，可以测试影片效果。

（4）在时间轴上单击"新建图层"按钮，新建图层"图层 3"；单击"图层 3"的第一帧，将库中的"圆"的元件拖到舞台上与地球仪上的地球重合；右击"图层 3"名称，在弹出的快捷菜单中选择"遮罩层"命令，可以看到"地图"只能在地球仪的球面部分显示，其余部分都"消失"了，如图 9-12 所示。

图 9-12　地球仪上的地图显示

（5）选择"文件"→"另存为"命令，将制作好的动画保存为"fl2.fla"文件。选择"文件"→"导出"→"导出影片"菜单命令，在弹出的"导出影片"对话框中输入导出的动画文件名为"fl2.swf"，完成影片导出。测试影片，观察动画放映效果。提交文件。

3. 操作题 3

制作引导层动画：模拟乒乓球在乒乓桌上来回跳跃的动画。

【操作步骤】

（1）选择"文件"→"打开"命令，打开"实验 9 素材\fl3 素材.fla"文件，单击"窗口"→"库"菜单命令（或者按【Ctrl+L】快捷键）打开"库"显示面板，将"库"中的"背景"元件拖曳到舞台的中央；拖移图像，使"背景"在舞台上居中对齐；在时间轴第 80 帧处右击弹出快捷菜单，选择"插入帧"（或按【F5】快捷键）插入帧，使其延伸到第 80 帧。设置舞台比例为"显示帧"。

单击时间轴面板上的锁定按钮，使"图层 1"被锁定不能被编辑。

（2）绘制一个"乒乓球"图形并转化为元件。

在时间轴上单击"新建图层"按钮，新建图层"图层 2"。在图层 2 中选择第 1 帧，单击工具箱中的"油漆桶工具"，执行"窗口"→"颜色"命令，显示"颜色"面板，如图 9-13 所示，在"类型"栏选择"径向渐变",双击左边的"色标",选择白色(#FFFFFF),双击右边的"色标"选择黄色(#FF6600);单击工具箱中的"椭圆工具",设置"笔触颜色"为无色。

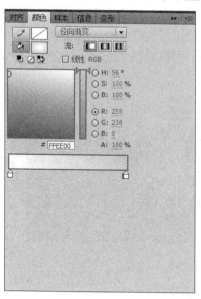

图 9-13　"颜色"面板

在舞台左上方位置按下鼠标左键不放,按住【Shift】键,绘制一个正圆,呈现"球"的形状如图 9-14 所示。

图 9-14　绘制"球"

选中刚刚绘制好的"球",执行"修改"→"转换为元件"命令,在弹出的窗口中按图 9-15 所示设置:名称栏输入"乒乓球",类型栏选"图形";此时在库内生成一个名为"乒乓球"的元件,舞台上的球形就是该元件的实例,其特征是四周有蓝色边框线。

图 9-15　设置乒乓球元件

（3）创建"乒乓球"的动作补间动画。

用"选择工具"选中"乒乓球"，在"属性"面板里更改"乒乓球"的宽度与高度均为 20 像素，将它拖到"乒乓台"的左上方，分别在时间轴的第 40 帧、80 帧单击右击弹出快捷菜单，选择"插入关键帧"（或者按【F6】快捷键）插入关键帧，单击第 40 帧处，将"乒乓球"拖到乒乓台的右上方（提示：因第 80 帧与第 1 帧的"球"位置相同，不需要移动）；在第 1 帧处右击弹出快捷菜单，选择"创建传统补间"；在第 40 帧处右击弹出快捷菜单，选择"创建传统补间"。

此时在第一帧处按【Enter】可观察到"乒乓球"左右来回直线运动。

（4）创建运动引导层。

提示："运动引导层"就是改变运动对象的运动轨迹，引导层的路径可以用"铅笔"绘制也可以用"直线"等工具绘制，用"选择"工具拖动可将直线变为弧线。

右击"图层 2"，在弹出的快捷菜单中选择"添加传统运动引导层"命令，此时"图层 2"缩进，表示"被引导层"，单击"引导层"的第 1 帧，用"线条"工具绘制 3 段连续的直线，再用"选择"工具单击底部那条直线的中段，光标下方出现"弧线"标志，向上拖动，形成一条光滑的弧线，如图 9-16 所示。

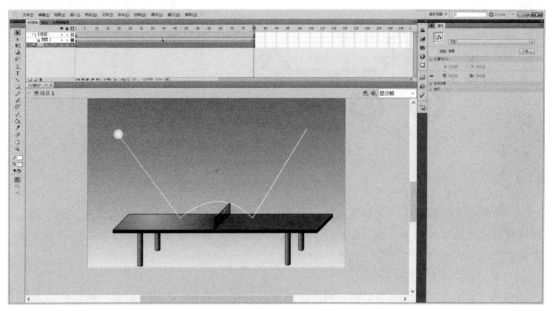

图 9-16　创建运动引导层

注意：对象沿路径运动的关键是关键帧上的对象中心点必须与路径重合。单击"图层 2"的第 1 帧，将"球"的中心点移到路径的最左端（入口），单击第 40 帧处，将"球"的中心点移到路径的最右端（出口）。

（5）保存动画编辑文件并导出动画。将动画文件保存为"fl3.fla"，导出为"fl3.swf"，测试影片，观察动画放映效果。提交文件。

4. 操作题4

制作骨骼工具，制作铲士车运行的示意动画。

【操作步骤】

（1）选择"文件"→"打开"命令，打开"实验9素材\fl4素材.fla"文件；选择"窗口"→"库"命令，显示库面板，设置舞台大小为"显示帧"。

（2）将库中的"车身"图形元件拖到舞台左下角，在该图层上的第60帧处按【F5】键，使其静止延伸到第60帧。

（3）在时间轴左下方单击"创建新图层"按钮，创建"图层2"，将库中的"后臂"元件、"前臂"元件、"铲斗"元件拖到舞台上，位置如图9-17所示（提示：每个元件对象的相互叠加时"圆圈"尽量重叠，目的是在旋转时起"支点"作用）。

图9-17　绘制铲车

（4）单击工具箱中的"骨骼工具"，从后臂左边的"圆"开始拖曳到前臂左边的"圆"，再从此地拖曳到铲斗的关节点，形成了一个骨架中三个关节。使用了骨骼工具后，图层2的上方自动生成了"骨架1"图层，如图9-18所示。

（5）设置铲车整个活动画面。

单击"骨架1"图层的第1帧，利用"选择"工具，移动三个骨骼对象，调整到如图9-18所示。

右击"骨架1"图层的第15帧，在弹出的快捷菜单中选择"插入姿势"，利用"选择"工具将三个活动对象设置成直角状态，如图9-19所示。

图 9-18　绘制骨骼

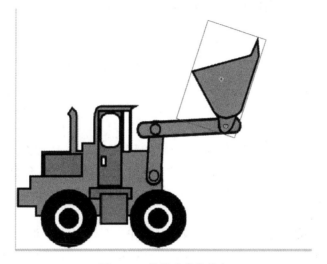

图 9-19　设置成直角状态

右击"骨架 1"图层的第 40 帧，在弹出的快捷菜单中选择"插入姿势"，利用"选择"工具将"前臂""后臂"形成一条直线，接近 60 度，如图 9-20 所示。

图 9-20　设置"前臂""后臂"角度

右击"骨架1"图层的第55帧,在弹出的快捷菜单中选择"插入姿势",利用"选择"工具保持"前臂""后臂"在一条直线状态,将"铲斗"的口朝下,如图9-21所示。

图9-21 "铲斗"口朝下

(6)保存动画编辑文件并导出动画。将动画文件保存为"fl4.fla",导出为"fl4.swf",测试影片,观察动画放映效果。提交文件。

四、实验内容

(1)打开"实验9素材\sy1素材.fla"文件,制作一个如"sy1样例.swf"所示的动画。要求总帧数为60帧,帧频为12fpt,其中小鸟从舞台左边经过30帧时间飞到椅子上后并停留5帧,最后"小鸟"消失在右上角,添加"鸟鸣"的背景音乐,保存文件为"sy1.swf",导出为"sy1.swf"。提交文件。

(2)打开"实验9素材\sy2素材.fla"文件,制作一个如"sy2样例.swf"所示海宝挥舞鞭炮的动画,总帧数为60帧,第50帧时手臂与鞭炮为条水平直线,第60帧又回到起点,保存文件为"sy2.fla",导出为""sy2.swf"(提示:"海宝"在图层1,"前臂""后臂"和"鞭炮"在图层2,建成后有2个骨骼,3个关节)。提交文件。

实验 10　网页编辑和布局

一、实验目的

（1）熟悉 Adobe Dreamweaver CS5 软件的界面及功能。
（2）熟悉网页的组成元素。
（3）掌握超级链接的设置方法。
（4）掌握网页表单的制作方法。

二、实验环境

（1）中文 Windows 7 操作系统。
（2）中文 Adobe Dreamweaver CS5 应用软件。

三、实验范例

1. 操作题1

完成网页制作"校园风光"。

【操作步骤】

（1）单击"文件"→"新建"命令，在弹出的对话框中选择"空白页"、页面类型选择"空白页"、布局选择"<无>"，如图 10-1 所示，单击"创建"按钮。选择"文件"→"另存为"，保存文件为"fl1.html"。

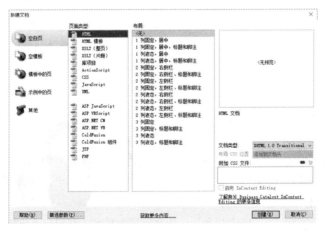

图 10-1　"新建文档"对话框

（2）单击窗口第二排的第三个按钮"设计"，显示"设计"视图，如图 10-2 所示，显示在浏览器中所见到的网页样张。在第二排中间位置的"标题"后面文本框中输入网页标题"校园风光"。

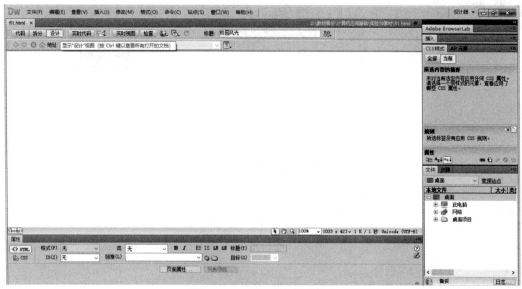

图 10-2　显示"设计"视图

（3）选择"修改"→"页面属性"命令，在弹出的"页面属性"对话框中，选择"外观"分类，如图 10-3 所示，可以依照个人喜好设置页面背景颜色或背景图像，单击"确定"按钮。

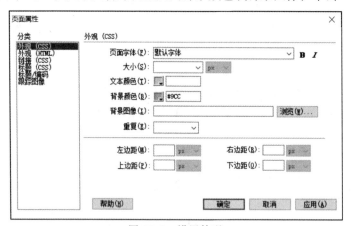

图 10-3　设置外观

（4）将插入点置于空白页面，在第一行输入文字"美丽的大学"，选中输入的文字，右击弹出快捷菜单，选择"字体"→"编辑字体列表"，如图 10-4 所示。

弹出的对话框如图 10-5 所示，多次单击"可用字体"部分对应的向下箭头，可以看到多种中文字体，可选择任意一种字体，如单击选中"华文彩云"，单击中间的往左箭头按钮，加入新选择的字体，单击"确定"按钮。

选择"格式"→"对齐"→"居中对齐"，让文字居中显示。在窗口下方的属性窗口中（如果该窗口未显示，可以单击"窗口"→"属性"菜单打开），选择"格式"为"标题 1"，如图 10-6 所示。

图 10-4 选择"编辑字体列表"

图 10-5 "编辑字体列表"对话框

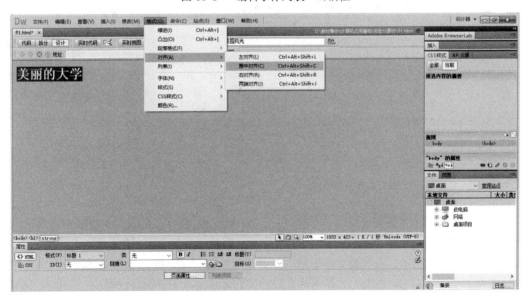

图 10-6 设置对齐方式

（5）在文字"美丽的大学"后单击，按【Enter】换行。选择"插入"→"表格"菜单命令，在"表格"对话框中设置表格参数为 4 行 2 列，设置表格宽度为 80%，如图 10-7 所示，单击"确定"按钮。在下方的属性面板中将对齐设为"居中对齐"，如图 10-8 所示。

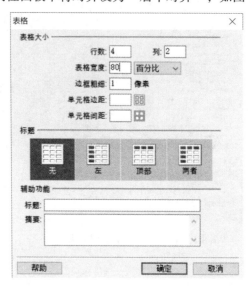

图 10-7 "表格"对话框

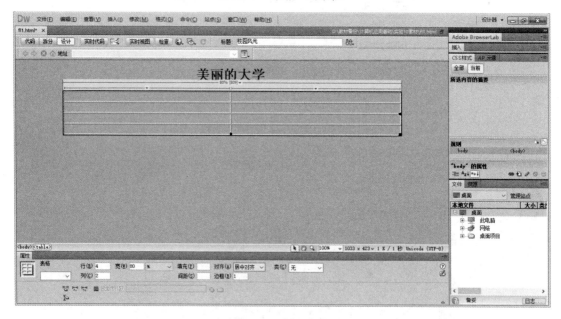

图 10-8 插入表格

（6）将插入点置于表格第 1 行第 1 列单元格，输入文字"芳树有红樱"，将插入点置于表格第 1 行第 2 列单元格，选择"插入"→"图像"命令，选择"实验 10 素材\pic1.jpg"，插入图像，弹出窗口如图 10-9 所示，在替换文本中输入"芳树有红樱"（替换文本的作用是：当浏览网页的时候若图片文件 pic1.jpg 丢失，可以在网页对应位置显示文本"芳树有红樱"），单击"确定"按钮。

图 10-9　输入"芳树有红樱"

选中图片，在下方的属性选项卡中设置"宽"为 700、"高"为 200，如图 10-10 所示。

图 10-10　设置宽及高

（7）同上一步骤，依次插入"茵茵草地""pic2.jpg""夏日荷花""pic3.jpg""教学楼一角""pic4.jpg"，并设置图片相同的高和宽。调整表格单元格宽度至合适大小。

（8）将插入点置于表格后面，按【Enter】键换行。选择"插入"→"HTML"→"水平线"命令，在表格下方插入一条水平线。右击水平线，弹出窗口如图 10-11 所示，选中左侧"浏览器特定的"，在右侧的"颜色"框中选中蓝色，单击"确定"按钮。（此时会发现设计窗口中的水平线并没有修改为蓝色，这是正常现象，蓝色只会在浏览器中预览时呈现。）

图 10-11　设置蓝色水平线

在下方属性选项卡中设置水平线的高度为"5"。

（9）将插入点定位在水平线的下方。输入文字"欢迎访问学校网站："，选择"插入"→"超级链接"命令，在弹出的对话框中设置：文本为"上海工程技术大学"，链接为"http://www.sues.edu.cn"，目标为"_blank"，如图 10-12 所示，单击"确定"按钮。

图 10-12　设置超级链接

换行，输入文字"请联系我："，选中菜单命令"插入"→"电子邮件链接"，在弹出的对话框中设置：文本为"电子邮箱"，电子邮件为"mailto:sues@sues.edu.cn"，如图 10-13 所示。

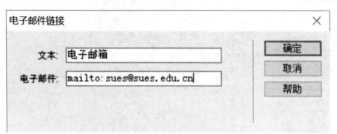

图 10-13　设置电子邮件链接

换行，选择"插入"→"日期"命令，在弹出的对话框中设置：星期格式为"星期四"，日期格式为"1974 年 3 月 7 日"，时间格式为"10:18 PM"，选中"存储时自动更新"，如图 10-14 所示。

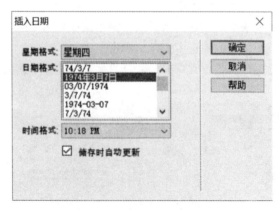

图 10-14　"插入日期"对话框

效果如图 10-15 所示。

图 10-15　效果图

选择"文件"→"保存",保存文件。单击第二排的"在浏览器中预览/调试"按钮,选择一个合适的浏览器浏览,查看网页效果。提交文件。

2.　操作题 2

完成网页表单制作"调查表"。

【操作步骤】

(1)执行"文件"→"新建"命令,在弹出的对话框中选择"空白页"、页面类型"空白页"、布局"<无>",单击"创建"按钮。选择"文件"→"另存为",保存文件为 fl2.html。执行"窗口"→"插入"命令,会在右侧出现"插入"选项卡,如图 10-16 所示。

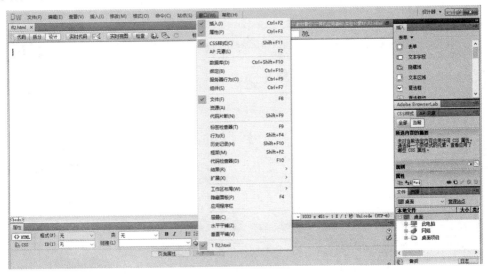

图 10-16　选择"插入"命令

"插入"选项卡可放在任意位置。在"插入"选项卡的"插入"文字位置按下鼠标左键不松开，可直接拖移到"文件"菜单下方后松开左键，在网页编辑区上方看见"插入工具栏"，如图 10-17 所示。

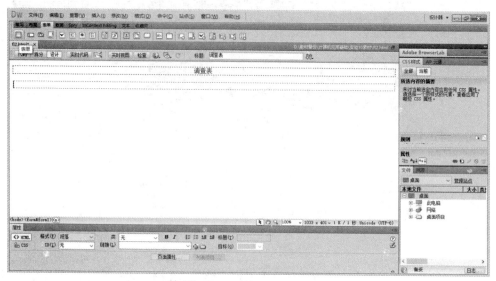

图 10-17 "插入"工具栏

在窗口上的"标题"文本框中输入标题"调查表"，在文档顶部输入文字"调查表"，选择"格式"→"对齐"→"居中对齐"，使文字居中显示。

（2）单击"插入工具栏"上的"表单"选项卡，单击第一个按钮"表单"，在光标所在行插入了红色虚线框表单域，如图 10-17 所示中的红色虚线框。

在红色虚线框内输入文字"姓名:"，单击第二个按钮"文本字段"，单击弹出窗口的"确定"按钮，插入文本字段框，鼠标单击文本字段边框，在"属性"面板中设置字符宽度和最多字符数均为 20，如图 10-18 所示。

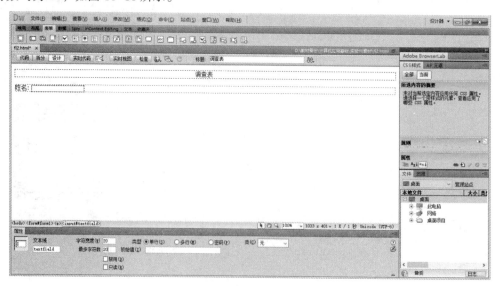

图 10-18 设置姓名

输入文字"密码:"，单击"文本字段"按钮，单击弹出窗口的"确定"按钮，插入文本字段框，在"属性"面板中设置字符数 16，选择"类型"为"密码"，如图 10-19 所示。

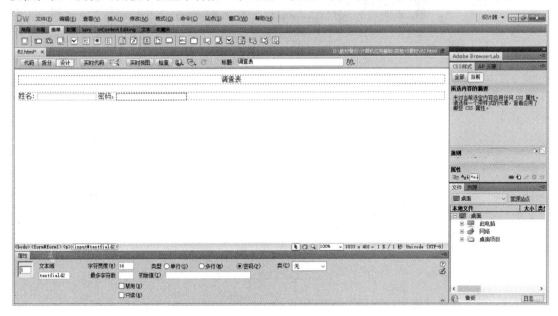

图 10-19　设置"密码"

（3）"密码"文本框后按回车键换行，在下一行输入文字"性别:"，单击"单选按钮"按钮，在对话框中将 ID 设置为"xb"，在"标签"中输入"男"，如图 10-20 所示，单击"确定"按钮。

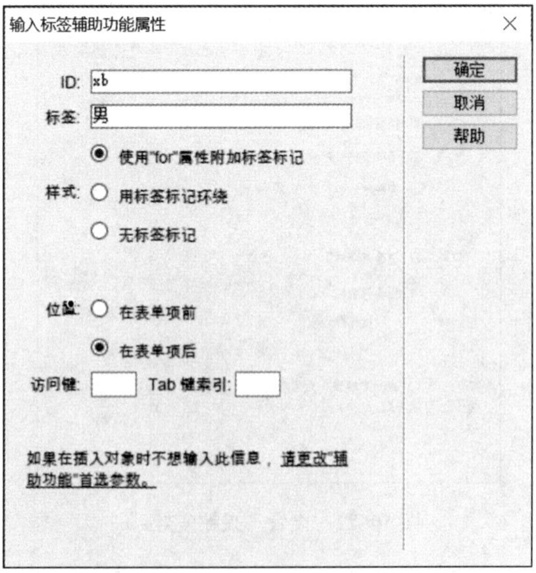

图 10-20　设置"性别:"

选取刚刚插入的单选按钮，在"属性"面板上设置"初始状态"为"已勾选"，如图 10-21 所示。

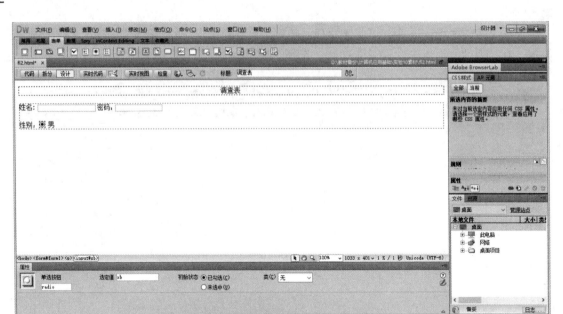

图 10-21 设置"初始状态"为"已勾选"

同样，单击"单选按钮"按钮，将 ID 设置为"xb"，在对话框"标签"中输入"女"，单击"确定"按钮。

（4）在下一行输入文字"兴趣爱好:"，单击"复选框"按钮，在对话框"标签"中输入"上网"，如图 10-22 所示，单击"确定"按钮，用同样操作添加"阅读""运动"和"音乐"复选框。

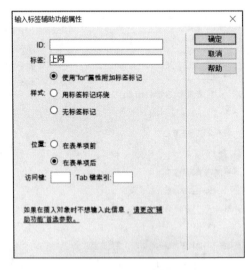

图 10-22 设置"兴趣爱好:"

（5）在下一行输入文字"所在学院:"，单击第 9 个按钮"选择（列表/菜单）"，在弹出窗口"输入标签辅助功能属性"对话框中单击"取消"按钮。

选取插入的"选择（列表/菜单）"，在"属性"面板中选择"列表"类型。设置列表高度为 9。在"属性"面板单击"列表值"按钮在"列表值"对话框中单击"添加"按钮，在"项

（2）在"sy1.html"网页中插入一个 8 行 2 列的表格，表格宽度为 90%，表格居中对齐，并将前三行所有单元格水平对齐方式设为"居中对齐"，最后一行设为右对齐。

（3）将表格第一行两个单元格合并，插入 banner.png。

（4）在第二行第一个单元格中插入图像"fg.jpg"，将脸部设为热点区域，并创建链接到"fg.html"。在第三行到第 8 行的第一个单元格中依次插入图像"picture1.jpg"~"picture6.jpg"。

（5）如图 10-27 所示将表格第二行和第三行的第二个单元格合并，并插入表单；表单中的用户名字字符数为 15，密码字符数为 10；表单设置"性别"为单选项；表单中的"所在城市"为列表项，内容为"北京""上海""天津"和"重庆"；表单中用户可通过文件域提交建议；添加"提交"和"清除"按钮。

（6）保存，并提交文件。

图 10-27　网页样张

2. 创建一个音乐网站的网页

（1）新建网页文件"music.html"，将网页标题设为"文档音乐网站"，保存在"D:\"文件夹中。

（2）在网上搜寻一首自己喜欢的音乐文件以及对应的歌手照片文件，以及对该音乐的背景介绍，如歌词、词曲作者等。

（3）将搜索到的信息利用网页布局或表格安排到网页"music.html"中，使得布局合理、美观。

（4）在文末添加"返回顶部"文字，浏览网页时单击"返回顶部"文字，可跳转到文档顶部。

（5）在文末添加"与我联系"文字，单击"与我联系"文字弹出发送电子邮件到"music@126.com"的窗口。

（6）保存，并提交文件。

实验 11 网页编辑进阶

一、实验目的

（1）熟悉 Adobe Dreamweaver CS5 软件的界面及功能。

（2）熟悉网页的组成元素。

（3）掌握网页布局和框架网页的制作。

（4）全面掌握网页制作的技巧。

二、实验环境

（1）中文 Windows 7 操作系统。

（2）中文 Adobe Dreamweaver CS5 应用软件。

三、实验范例

1. 操作题 1

网页多元素制作。

【操作步骤】

（1）新建网页文件，导入 word 文档。

选择"文件"→"新建"命令，选择"空白页"和"HTML"页面类型，单击"创建"按钮。

选择"文件"→"导入"→"Word 文档"命令，在 "导入 Word 文档"对话框中选择素材中的"音乐课堂.doc"文件，单击"打开"按钮，如图 11-1 所示。

选择"修改"菜单下的"页面属性"命令，在弹出的的"页面属性"对话框中，选择"外观" 分类，设置页面背景图像为"tu2.jpg"，选择"标题/编码"分类，在"标题"框输入标题"音乐课堂"，单击"应用"按钮，再单击"确定"按钮。

选择"文件"菜单下的"保存"命令，在"另存为"对话框中选择文件保存在 D:\中，输入文件名"fl1.html"，单击"保存"按钮。

图 11-1　"导入 Word 文档"对话框

（2）删除软回车，左对齐显示，创建项目列表。

将光标定位在第一段末尾，按【Delete】键删除软回车，再按【Enter】键插入硬回车。其他所有段落做相同操作，将导入文本中所有的软回车更换为硬回车。

选中除艺术字"音乐课堂"的所有段落，选择菜单栏中"格式"→"对齐"→"左对齐"命令，使所有段落"左对齐"显示。

光标定位在"旋律"所在段落，在属性面板中单击""（项目列表）按钮，建立项目列表。在"属性"面板中单击"列表项目"按钮，在打开的"列表属性"对话框的"样式"下拉列表中选择"正方形"，单击"确定"按钮，如图 11-2 所示。

图 11-2　"列表属性"对话框

用同样的方法设置"节奏""节拍""速度""力度""音区""音色""和声""复调"和"调式"所在段落的正方形项目列表。

（3）插入日期、水平线、特殊符号，添加文本，设置文本及段落格式。

在文档末尾输入回车，选择"插入"→"HTML"→"水平线"命令，在"属性"面板中设置水平线宽度为 95%，高度为 4，并选中"阴影"复选框；在插入的水平线上右击，选择快捷菜单中的"编辑标签"命令，在打开的"标签编辑器"中将"浏览器特定的"中的颜色设置为#1717F3。

将光标定位在水平线下方，选择"插入"→"日期"命令，在"插入日期"对话框中选择"星期格式"为"星期四"，"日期格式"为"1974年3月7日"，"时间格式"为"10：18PM"，选中"储存时自动更新"复选框，单击"确定"按钮，如图 11-3 所示。选择"格式"→"对齐"→"居中对齐"命令。

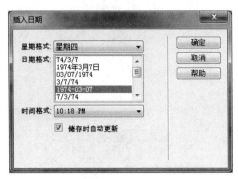

图 11-3　"插入日期"对话框

在日期右边按【Shift+Enter】组合键，输入软回车。

在文档末输入文字"版权所有"，选择"插入"→"HTML"→"特殊符号"→"版权"命令输入"©"符号。

（4）设置文本的超级链接，设置链接目标，保存、预览和关闭文件。

选中列表项中的"调式"两个字，单击在"属性"面板中的"链接"框中右侧的"浏览文件"按钮，在打开的"选择文件"对话框中选择"tune.html"，如图 11-4 所示，单击"确定"按钮，在"目标"列表中选择"_blank"，如图 11-5 所示。

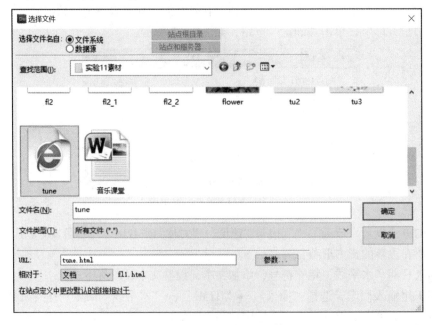

图 11-4　"选择文件"对话框

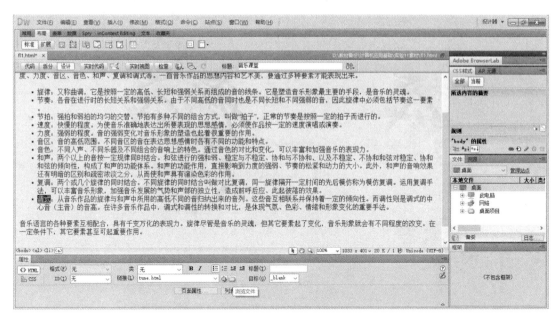

图 11-5　"目标"列表中选择"_black"

（5）插入图片并设置图片属性，插入鼠标经过图像并设置图像热点链接。

将光标定位在网页末尾，选择"插入"→"图像"命令，在"选择图像源文件"对话框中选择"实验 11 素材"文件夹中的"tu3.jpg"图片文件，如图 11-6 所示，单击"确定"按钮，在弹出的对话框中再次单击"确定"按钮，如图 11-7 所示。

在图像的"属性"面板中输入宽度和高度为 100 和 135 像素，多次插入"tu3.jpg"图片文件，如图 11-8 所示。

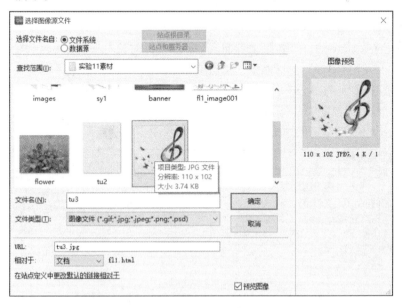

图 11-6　"选择图像源文件"对话框

图 11-7 "图像标签辅助功能属性"对话框

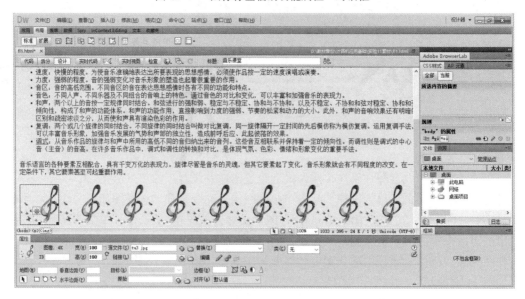

图 11-8 多次插入图片文件

将光标定位在标题右边，选择菜单"插入"→"图像对象"→"鼠标经过图像"命令。

在"插入鼠标经过图像"对话框中，单击"原始图像"旁的"浏览"按钮，在弹出的"原始图像"对话框中选择"tu3.jpg"图片文件，单击"确定"按钮。

单击"鼠标经过图像"旁的"浏览"按钮，在弹出的"鼠标经过图像"对话框中选择"tu4.jpg"图片文件，单击"确定"按钮，如图 11-9 所示，再次单击"确定"按钮。

图 11-9 "插入鼠标经过图像"对话框

光标定位到正文开始，选择 "插入"→"图像"命令，插入"tu1.jpg"图片，选中该图片，单击"属性"面板左下方的"矩形热点工具"按钮，如图 11-10 所示。在"tu1.jpg"图片的音乐课堂区域绘制热点区域，如图 11-11 所示。

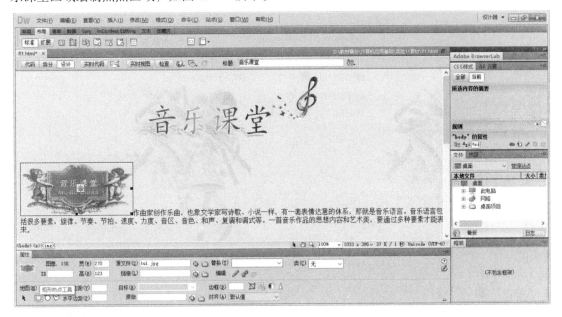

图 11-10　插入"tu1.jpg"

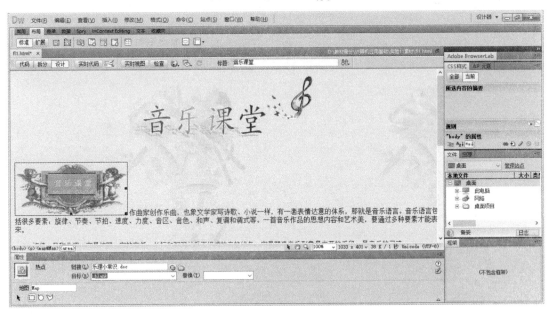

图 11-11　绘制热点区域

在下方"属性"面板中单击"链接"框旁的"浏览"按钮，在"选择文件"对话框中选择"乐理小常识.doc"文件，单击"确定"按钮，选择"目标"为"_blank"。

（6）设置超级链接颜色。

选择"修改"菜单中的"页面属性"命令，在"页面属性"对话框中，选择"链接 CSS"分类，将"链接颜色"设置为蓝色，将"已访问链接"设置为红色，将"活动链接"设置为紫色，如图 11-12 所示。

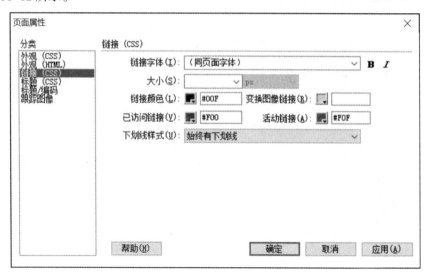

图 11-12 "页面属性"对话框

单击"确定"按钮，此时可以看到 "调式"超级链接颜色已改变成蓝色。

（7）选择"文件"→"保存"菜单命令，保存文件，按【F12】键预览，预览效果如图 11-13 所示。关闭文件，提交。

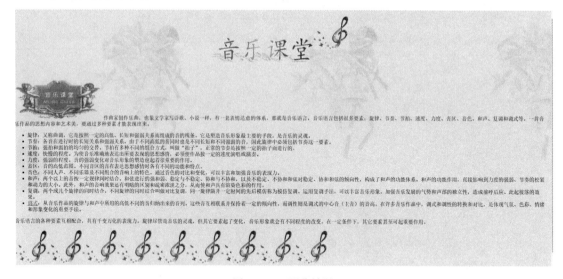

图 11-13 预览效果

2. 操作题 2

制作框架网页。

【操作步骤】

（1）选择"文件"→"新建"命令，选择"空白页"和"HTML"页面类型，单击"创建"按钮。保存为 fl2_1.html 文件。

（2）将插入点置于空白页面，选择菜单栏中的"插入"→"表格"命令，在"表格"对话框中设置表格参数为 2 行 2 列，设置表格宽度为 600 像素，设置边框粗细为 0，单击"确定"按钮。将插入点置于表格第一行第一列单元格，拖动鼠标选中第一行所有单元格，选择"修改"→"表格"→"合并单元格"命令。

（3）单击第一个单元格，选择菜单栏中的"插入"→"图像"命令，插入"banner.png"图片文件，在表格中第二行第二列中输入文字"摄影展"，按【Shift+Enter】组合键输入软回车，选择菜单"插入"→"图像"命令，插入"flower. jpg"图片文件。在"属性"面板中设置图片的宽为 500，高为 450。

（4）单击表格的外框，选中表格，选择菜单栏中的"格式"→"对齐"→"居中对齐"命令，让整个表格在页面居中显示。在选中所有单元格的状态下，在"属性"面板的"对齐"下拉框中选中"居中对齐"选项，在"属性"面板的"背景颜色"中选择浅黄色，如图 11-14 所示。

图 11-14　参考设置

选择"文件"→"保存"命令，保存文件。

（5）选择"文件"→"新建"命令，弹出对话框如图 11-15 所示，在最左侧选中"示例中的页"选项，在"示例文件夹："列表框中选择"框架页"选项，在"示例页"列表框中选"左侧固定"选项，单击"创建"按钮。

弹出对话框如图 11-16 所示，单击"确定"按钮。

（6）单击选择右框架，选择菜单栏中的"文件"→"在框架中打开"命令，选择打开刚刚保存的"fl2_1.html"文件。

（7）单击选择左框架，单击"属性"面板中的"项目列表"按钮，输入"网页"和"图片"两个项目，如图 11-17 所示。

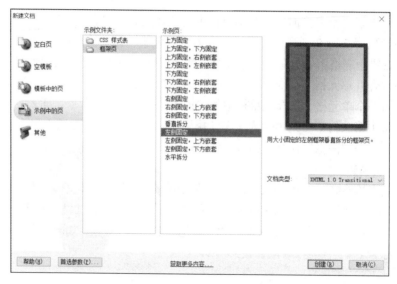

图 11-15 "新建文档"对话框

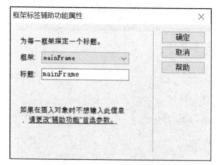

图 11-16 为框架指定标题

图 11-17 设置左框架

（8）单击选择左框架，选择菜单栏中的"文件"→"框架另存为"命令，将左框架文件保存为"fl2_2.html"。单击选择左右框架之间的边框，选择"文件"→"框架集另存为"命令，将框架文件保存为"fl2.html"，如图 11-18 所示。

图 11-18　保存文件

（9）选择菜单栏中的"窗口"→"框架"命令，可打开框架面板，如图 11-19 所示。

图 11-19　框架面板

选中左侧的"leftFrame"框架，在"属性"面板"边框"下拉框选择"是"，取消选中"不能调整大小"，如图 11-20 所示。

图 11-20　设置左侧框架

　　同理，在"框架"面板中选中右侧的"mainFrame"框架，在"属性"面板"边框"下拉框选择"是"，取消选中"不能调整大小"。

　　（10）选择左框架中的"网页"二字，在"属性"面板中单击"链接"右侧的"浏览文件"按钮，选择文件"fl2_1.html"，然后在"目标"下拉框中选择"mainFrame"，表示单击该链接在右框架中打开"fl2_1.html"文件，如图 11-21 所示。选中左框架中"图片"二字，在"属性"面板中，单击"链接"右侧的"浏览文件"按钮，选择图片文件"flower.jpg"，然后在"目标"下拉框中选择"mainFrame"，表示单击该链接在右框架中打开图片文件。最终框架网页效果如图 11-22 所示。

图 11-21　设置"网页"链接

图 11-22　框架网页最终效果

（11）选择菜单栏中的"文件"→"保存全部"命令，保存文件。单击文档上方的"在浏览器中预览/调试"按钮（或者按【F12】快捷键），选择一个合适的浏览器浏览，查看网页效果。提交文件。

四、实验内容

1. 完成图 11- 23 所示样张效果

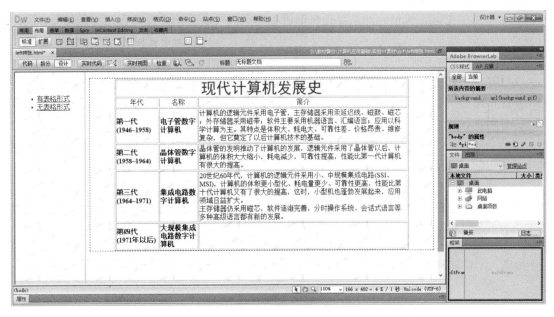

图 11-23　网页样张

（1）启动 Dreamweaver CS5，打开"实验 11 素材\sy1"文件夹中的网页文件"right2. html"，

另存为"right. html"在网页中插入一个 6 行 3 列的表格，表格宽度为 700 像素，表格居中对齐。

（2）将表格第 1 行 3 个单元格合并，第 1、第 2 行所有单元格水平对齐方式设为"居中对齐"。

（3）将"right2.html"网页中原有文字内容放入表格，最终样式如图 11–23 右侧框架页所示，然后保存并关闭该网页。

（4）新建一个样式为"左侧固定"的框架页，在右侧框架中打开 right.html 网页。

（5）左框架中背景图案设为 background.gif，输入图中所示两个列表项目，为两个列表项目设置链接、分别指向 right.html 与 right2.html，并在右框架中打开。

（6）左框架网页保存为"left.html"框架集文件保存为"sy1.html"。提交所有文件。

2. 网页综合实验

自己选题设计网页，主题要求积极向上、有新意，例如"我的爱好""我的朋友""我的学校"等。

可将前几个实验处理的内容（如 Word、Excel、PPT、Visio、PS、Flash 灵活应用于网站设计中）。

网页的数量规定为不少于 5 页，网站的大小不大于 100M。

结构合理，能灵活地组织各网页元素，超链接正确。

能很好地运用 Dreamweaver 中的各种网页技术。

实验内容及步骤如下：

（1）确定网站主题。

我的站点的主题是：***。

（2）规划内容和搜集资料。

确定站点的主题、风格、网站要提供的服务和网页要表达的主要内容，搜集各种有关的资料。

（3）建立网站架构图。

在计算机中创建本地站点的根文件夹和存放各种资料的子文件夹，配置好所有主题的参数和站点测试路径。

（4）网页设计。

充分利用收集到的数据资料，合理运用 Dreamweaver 提供的技术，完美地设计出能表达网站中心思想的 Web 页面。

（5）网页测试。

测试所有的超链接与导航系统按钮是否真实可行、是否有拼写错误、代码的完整性、浏览器的兼容性等。提交文件。

实验 12　计算机应用能力综合实验

一、实验目的

（1）培养创新精神和创新实践能力。

（2）提高计算机应用能力。

（3）调动学习计算机技术的积极性。

（4）提高运用信息技术解决实际问题的综合水平。

二、实验环境

（1）中文 Windows 7 操作系统。

（2）其他多种应用软件。

三、实验内容

为贯彻实施教育部"高等学校本科教学质量与教学改革工程"，培养大学生创新精神和创新实践能力，调动大学生学习计算机技术的积极性，提高大学生运用信息技术解决实际问题的综合水平，要求学生综合运用这门课所学的计算机知识和软件，开发一个自创的计算机作品。

作品选题范围不限，鼓励作品的创新性，也鼓励计算机技术在其他各专业中应用的选题，所提交作品应能充分展示学生的计算机应用能力。可以在以下 8 类中任选一个主题：软件应用与开发类，微课与教学辅助类，数字媒体设计类，（数字媒体设计类）动漫游戏组，（数字媒体设计类）微电影组，（数字媒体设计类）中华民族文化元素组，软件服务外包类，计算机音乐创作类。

1. 软件应用与开发类

包括以下小类：

（1）Web 应用与开发。

（2）管理信息系统。

（3）移动应用开发（非游戏类）。

（4）物联网与智能设备。

2. 微课与教学辅助类

包括以下小类：

（1）计算机基础与应用类课程微课（或教学辅助课件）。

（2）中、小学数学或自然科学课程微课（或教学辅助课件）。

（3）汉语言文学（古汉语、唐诗宋词、散文等）微课（或教学辅助课件）。

（4）虚拟实验平台。

说明：

（1）微课为针对某个知识点而设计，包含相对独立完整的教学环节。要有完整的某个知识点内容，既包含短小精悍的视频，又必须包含教学设计环节。不仅要有某个知识点制作的视频文件或教学，更要介绍与本知识点相关联的教学设计、例题、习题、拓展资料等内容。

（2）"教学辅助课件"小类是指针对教学环节开发的课件软件，而不是指课程教案。

（3）虚拟实验平台是以虚拟技术为基础进行设计、支持完成某种实验为目的、模拟真实实验环境的应用系统。

3. 数字媒体设计类

包括以下小类：

（1）计算机图形图像设计。

（2）数码摄影及照片后期处理。

（3）产品设计。

（4）交互媒体。

4. 数字媒体设计类动漫游戏组

包括以下小类：

（1）动画。

（2）游戏与交互。

（3）数字漫画。

（4）动漫衍生品（含数字、实体）。

5. 数字媒体设计类中华优秀传统文化元素微电影组

包括以下小类：

（1）微电影。

（2）数字短片。

说明：

（1）主题可以为：①自然遗产、文化遗产、名胜古迹。②歌颂中华大好河山的诗词散文。③优秀的传统道德风尚。④先秦主要哲学流派（道/儒/墨/法等）与汉语言文学。⑤国画、汉字、汉字书法、年画、剪纸、音乐、戏剧、戏曲、曲艺。

（2）自然遗产、文化遗产、名胜古迹若以微电影形式表达，应有人物、故事情节穿插，不能简单地拍成纪录片。

6. 数字媒体设计类中华民族文化元系组

主题：民族建筑，民族服饰，民族手工 艺品，包括以下小类：

（1）计算机图形图像设计。

（2）计算机动画。

（3）交互媒体设计。

7. 软件服务外包类

包括以下小类：

（1）大数据分析。

（2）电子商务。

（3）人机交互应用。

（4）物联网应用。

（5）移动终端应用。

8. 计算机音乐创作类

包括以下小类：

（1）原创音乐类（纯音乐类，包含 MIDI 类作品、音频结合 MIDI 类作品）。

（2）原创歌曲类（曲、编曲需原创，歌词至少拥有使用权。编曲部分至少有计算机 MIDI 制作或音频制作方式，不允许全录音作品）。

（3）视频音乐类（音视频融合多媒体作品或视频配乐作品，视频部分鼓励原创，如非原创，需获得授权使用。音乐部分需原创）。

作品要求：

（1）1~3 个学生自由组成一个团队，根据项目的主要技术选择作品类别。类别选择时请仔细阅读各类别的评分标准。

（2）鼓励在作品中使用国产软件。

（3）作品是学生在课程学习或自主学习的成果总结，应该由队员独立完成。若引用开源代码和第三方工具，必须在设计说明书中详细说明开源工具来源、工具所完成的功能和队伍开发实现的功能。

关于"中国大学生计算机设计大赛"的详细介绍和具体评分细则可以参看"上海市大学生计算机应用能力大赛"网站通知。优秀的作品将有机会被推荐参加上海市大学生计算机应用能力大赛。

推荐参赛的作品必须为原创作品，作品提交内容包括作品情况表、原创承诺书、设计说明书、作品展示视频、系统安装包/可执行文件/可播放文件、源程序代码（源文件）。相关模板可从竞赛网站上下载，提交的文档应按规范命名，具体要求见下表。

注意：

各文档必须按要求认真撰写并提交。Web 类别作品、其他类别中的 Web 形式作品必须自建好网站，所使用的特殊开发工具和中间件必须随作品一起提交。具体要求见表 12-1。

表 12-1 作品要求

序号	文档类型	命名规范	样例模板/要求	备注
1	作品情况表	学校–参赛编号–作品情况表.docx	工程技术大学–2018001–作品情况表.docx	参赛小组基本信息、作品基本信息，电子版和打印版都要
2	作品小结	学校–参赛编号–作品小结.docx	工程技术大学–2018001–作品小结.docx	参赛作品简介、特色、作品主要截图等
3	原创承诺书	学校–参赛编号–原创承诺书.docx	工程技术大学–2018001–原创承诺书.docx	打印签字
4	设计说明书	学校–参赛编号–设计说明书.docx	工程技术大学–2018001–设计说明书.docx	可根据作品类型选择合适的模板，电子版
5	作品展示视频	学校–参赛编号–展示视频.mp4	包含作品应用背景、主要功能、开发技术、特色等介绍，及作品的演示，需配音说明。视频时间长度不超过 10 分钟，上传到优酷等互联网的同时，保存并上交。	视频本身、链接网址都要交
6	完成的作品		安装包/可执行文件/可播放文件	交互式多媒体打包为可执行文件，非交互式多媒体作品保存为 MP4 或 MPEG
7	源程序/文件		所有源代码或设计源文件	多媒体包含典型素材加工过程

参 考 文 献

[1] 汪燮华, 张世正.计算机应用基础教材 [M]. 上海: 华东师范大学出版社, 2014.

[2] 汪燮华, 张世正.计算机应用基础实验指导 [M]. 上海: 华东师范大学出版社, 2014.

[3] 胡浩民. 计算机应用基础教程[M]. 北京: 清华大学出版社, 2013.

[4] 周晶. 计算机应用基础实践教程[M]. 北京: 清华大学出版社, 2013.

[5] 陈娟. 计算机应用基础实践教程[M]. 北京: 电子工业出版社, 2017.

[6] Adobe 公司. Adobe Photoshop CS5 中文版经典教程[M]. 北京: 人民邮电出版社, 2013.

[7] Adobe 公司. Adobe Dreamweaver CS5 中文版经典教程[M]. 北京: 人民邮电出版社, 2013.

[8] 张梅. Adobe Flash CS5 动画设计与制作技能实训教程[M]. 北京: 科学出版社, 2018.

[9] 何欣, 郝建华. Adobe Dreamweaver CS5 网页设计与制作技能基础教程[M]. 北京: 科学出版社, 2018.

[10] 杨继萍, 吴华. Visio 2010 图形设计标准教程[M]. 北京: 清华大学出版社, 2011.